药食同源系列

药食两用中药材 生产质量管理规范

史艳财　韦　霄　邓丽丽　主编

广西壮族自治区中国科学院广西植物研究所　编

广西科学技术出版社
·南宁·

图书在版编目（CIP）数据

药食两用中药材生产质量管理规范 / 史艳财，韦霄，邓丽丽主编；广西壮族自治区中国科学院广西植物研究所编 . —南宁：广西科学技术出版社，2023.12

ISBN 978-7-5551-1912-8

Ⅰ . ①药… Ⅱ . ①史… ②韦… ③邓… ④广… Ⅲ . ①药用植物—栽培技术—技术规范 Ⅳ . ① S567-65

中国国家版本馆 CIP 数据核字（2023）第 250610 号

药食两用中药材生产质量管理规范

YAOSHI LIANGYONG ZHONGYAOCAI SHENGCHAN ZHILIANG GUANLI GUIFAN

史艳财　韦　霄　邓丽丽　主编

广西壮族自治区中国科学院广西植物研究所　编

策划编辑：罗煜涛	封面设计：梁　良	
责任编辑：李宝娟	责任印制：韦文印	
责任校对：夏晓雯		

出 版 人：梁　志

出版发行：广西科学技术出版社

社　　　址：广西南宁市东葛路 66 号　　　　邮政编码：530023

网　　　址：http://www.gxkjs.com

印　　　刷：广西民族印刷包装集团有限公司

开　　本：787 mm×1092 mm　　1/16

字　　数：303 千字　　　　　　印　　张：15.75

版　　次：2023 年 12 月第 1 版

印　　次：2023 年 12 月第 1 次印刷

书　　号：ISBN 978-7-5551-1912-8

定　　价：88.00 元

编 委 会

主　　编：史艳财　韦　霄　邓丽丽

参编人员（以姓氏笔画为序）：

于松毛　马授权　苏钰琴　杨晓蓓　肖文豪

余洪涛　邹　蓉　范进顺　胡真真　莫燕兰

高　薇　唐健民　陶太生　梁　惠　蒋立全

蒋向军　蒋运生　蒋忠林　蒋爱明　蒋臻韬

熊忠臣

编写单位：广西壮族自治区中国科学院广西植物研究所

前言

药食同源是我国劳动人民在漫长历史过程中的智慧结晶，体现了食物在保健和治疗方面的功能。随着中医药走向世界，药食两用文化和产品也被越来越多的人认同。2016年国务院印发了《中医药发展战略规划纲要（2016—2030年）》，2017年7月1日《中华人民共和国中医药法》正式施行，标志着中医药事业已上升为国家战略部署，中医药产业将迎来新的发展机遇。作为中医药发展密不可分的部分，药食两用产业发展受到政府职能部门的高度重视，迎来了新的发展机遇。广西大部分地区位于气候温和的亚热带，雨水丰沛，植物生长旺盛，中草药资源丰富，在药食同源中药材产业方面具有得天独厚的优势，为大健康产业的发展提供了良好的物质基础。为发挥广西独特优势、抢抓战略发展机遇、培育发展新动能、推动高质量发展，广西出台了《广西大健康产业发展规划（2021—2025年）》等系列加快大健康产业发展的政策文件，以"全方位、全领域、全产业链、全生命周期"维度，统筹全局，全面推动大健康产业发展。

药食两用植物资源是大力发展中药大健康产业的物质基础，也是生物医药产业的重要组成部分。为充分发挥广西药食两用植物的特性，让天然、绿色、无公害的产品摆上百姓的餐桌，同时补齐人工栽培产量低、效益差的短板，本书对广西药食两用中药材生产质量管理规范进行系统梳理，以应用性层面的重要成果为主要论述内容，对广西73种特色药食两用中药材的形态特征、分布、功能与主治、种植质量管理规范、采收质量管理规范等内容进行介绍。全书文字简练，通俗易懂，可操作性强。我们衷心希望本书的出版能对广西药食两用产业的发展起到积极的推动作用。

撰写时我们虽力求精益求精，但因水平有限，书中难免存在疏漏和不足之处，敬请广大读者和同行不吝赐教，多提宝贵意见。

此外，在本书的编写过程中，我们借鉴和参考了诸多同行的有关著作和论文，但由于资源来源较广，未能一一列出，在此特向原作者表示衷心的感谢！

本书研究成果得到了以下项目资助：八桂青年拔尖人才项目、第四批林草科技青拔人才项目、广西科技基地和人才专项项目"广西特色优势林药两用植物金槐富硒栽培及加工关键技术研究"（桂科 AD21220011）、国家林业和草原局重点研发项目"广西药食同源植物资源调查及创新应用"（GLM〔2021〕037 号）、云浮市 2021 年中医药（南药）产业人才项目、广西植物研究所基本业务费项目"药食两用植物牛尾菜优良类型选育和繁育技术研究"（桂植业 21012）、广西植物研究所基本业务费项目"传统中药材土茯苓优良种质筛选及繁育技术研究"（桂植业 21013）、广西植物研究所基本业务费项目"木本油料植物山苍子优良类型选育和繁育技术"（桂植业 22005）。在此表示衷心的感谢！

编者

2023 年 8 月

目录

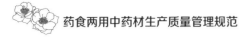

八角

【拉丁学名】*Illicium verum* Hook. F.。

【科属】木兰科（Magnoliaceae）八角属（*Illicium*）。

1. 形态特征

乔木。植株高 10～15 m。树冠塔形、椭圆形或圆锥形；树皮深灰色；枝密集。叶不整齐互生，在顶端 3～6 片近轮生或松散簇生，革质、厚革质，倒卵状椭圆形、倒披针形或椭圆形，长 5～15 cm，宽 2～5 cm，先端骤尖或短渐尖，基部渐狭或楔形；在阳光下可见密布透明油点；中脉在腹面稍凹下，在背面隆起；叶柄长 8～20 mm。花粉红色至深红色，单生叶腋或近顶生，花梗长 15～40 mm；花被片 7～12 片，常 10～11 片，常具不明显的半透明腺点，最大的花被片宽椭圆形到宽卵圆形，长 9～12 mm，宽 8～12 mm；雄蕊 11～20 枚，多为 13～14 枚，长 1.8～3.5 mm，花丝长 0.5～1.6 mm，药隔截形，药室稍为突起，长 1.0～1.5 mm；心皮通常 8 个，有时 7 个或 9 个，很少 11 个，在花期长 2.5～4.5 mm，子房长 1.2～2.0 mm，花柱钻形，长度比子房长。果梗长 20～56 mm，聚合果，直径 3.5～4.0 cm，饱满平直，蓇葖多为 8 个，呈八角形，长 14～20 mm，宽 7～12 mm，厚 3～6 mm，先端钝或钝尖。种子长 7～10 mm，宽 4～6 mm，厚 2.5～3.0 mm。正糙果 3—5 月开花，9—10 月果熟；春糙果 8—10 月开花，翌年 3—4 月果熟。

2. 分布

八角在中国分布于福建南部，广东西部，广西西部、南部，云南东南部、南部，主产于广西西部和南部（百色、南宁、钦州、梧州、玉林等地区多有栽培）。天然分布常见于海拔 200～700 m，最高可达 1600 m。

3. 功能与主治

八角具有温阳散寒、理气止痛的功效，主治寒疝腹痛、肾虚腰痛、胃寒呕吐、脘腹冷痛等症。

4. 种植质量管理规范

（1）种植地选择

选择土壤肥力中上、富含有机质且排水良好、地形起伏的丘陵、低山的背风坡地作为造林地。

（2）采种

10月下旬于八角果实变黄色、果瓣还未裂开时，选择高产、生长健壮的优株采摘果实。采摘后及时去除小果及枝叶等杂物，平摊于干燥处进行晾晒，每天定时翻动，直到果皮裂开、果实干燥时便可收集种子。

（3）整地

清除地上的杂草、杂灌、小乔木以及石头等物，将较为平坦的造林地进行全垦，坡地则进行带状整地。种植前按照 60 cm×60 cm×40 cm 的规格挖好种植穴，表土和底层土分开堆放，挖坑后回填表土，在填土过程中需添加相应的农家肥作基肥，也可添加磷肥和磷酸钙，最后在泥土上层覆盖原来的表土。

（4）育苗

育苗苗床采取高床方式，苗床高 20～30 cm，预留人行道。待春季气温稳定至 12 ℃以上时进行播种（常采用条播），播种深度 3 cm，播种的株行距为 3 cm×20 cm。采用种子繁殖时，每亩播种量为 6～7 kg。种子覆土后再盖一层茅草，并用喷壶喷透水 1 次。

（5）移栽

提前挖好栽植穴，穴深 15 cm。阴天或小雨天气时进行移栽。栽植时把幼苗根部放入栽植穴中部，使根系舒展，然后回填表土，填土过程中需不时进行轻压，使苗木根系与土壤密切接触。

（6）田间管理

①肥。每年6—8月进行第 1 次施肥，12月至翌年 2 月进行第 2 次施肥，前 2 年施肥时每株八角幼苗每次施农家肥 2 kg 或尿素 100 g。第 3 年每株八角幼苗每次施尿素 200 g 及复合肥料 100 g。第 4 年及以后根据实际情况和土壤肥力进行施肥。

②遮阴保湿。可利用造林地内的其他植物适当覆盖林间空地，以提高树盘内土壤湿度，从而增强八角幼树对干旱、强光等的适应力。

③补苗。移栽后定期对造林地进行检查，对病苗、弱苗和死苗，需及时处理并补植长势相似的苗木。

④套种。幼林可间作大豆、花生、蔬菜、中药材等作物，既不影响八角生长，

还可起到保水、保肥的效果。

⑤修枝整形。当八角幼林高度达到 1.5 m 时开始修剪整形。从基部剪除骨干枝上的过密枝、病虫枝、枯枝，同时一并剪去生长旺盛的徒长枝。

⑥复垦。八角结果期开始复垦，每 3 ～ 4 年进行一次。

（7）病虫害防治

常见病害有日灼病、炭疽病等，常见虫害有叶甲虫、八角尺蠖、介壳虫等。其中，炭疽病是八角种植中最严重的病害之一，严重威胁八角的高质高产，发病时可通过喷洒 25% 叶斑清乳油 1000 ～ 1500 倍液进行防治。

5. 采收质量管理规范

（1）采收时间

每年可采收两季：春季采收在清明前后，秋季采收在霜降前后。选择晴天采收。

（2）采收方法

春季八角果生长成熟后自行掉落到地上时进行采收，秋季采摘树上的黄褐色果实。

（3）保存方法

将采摘后的果实晒干后置阴凉干燥处贮存。

6. 质量要求及分析方法①

【性状】本品为聚合果，多由 8 个蓇葖果组成，放射状排列于中轴上。蓇葖果长 1 ～ 2 cm，宽 0.3 ～ 0.5 cm，高 0.6 ～ 1.0 cm；外表面红棕色，有不规则皱纹，顶端呈鸟喙状，上侧多开裂；内表面淡棕色，平滑，有光泽；质硬而脆。果梗长 3 ～ 4 cm，连于果实基部中央，弯曲，常脱落。每个蓇葖果含种子 1 粒，扁卵圆形，长约 6 mm，红棕色或黄棕色，光亮，尖端有种脐；胚乳白色，富油性。气芳香，味辛、甜。

【鉴别】

①本品粉末红棕色。内果皮栅状细胞长柱形，长 200 ～ 546 μm，壁稍厚，纹孔口"十"字状或"人"字状。种皮石细胞黄色，表面观类多角形，壁极厚，波状弯曲，胞腔分枝状，内含棕黑色物；断面观长方形，壁不均匀增厚。果皮石细胞类长方形、长圆形或分枝状，壁厚。纤维长，单个散在或成束，直径 29 ～ 60 μm，壁木化，有纹孔。中果皮细胞红棕色，散有油细胞。内胚乳细胞多角形，含脂肪油滴和

---

①本书所有中药材的"质量要求及分析方法"均来源于《中华人民共和国药典》。

糊粉粒。

②取本品粉末 1 g，加石油醚（60 ～ 90 ℃）– 乙醚（1：1）混合溶液 15 mL，密塞，振摇 15 分钟，滤过，滤液挥干，残渣加无水乙醇 2 mL 使溶解，作为供试品溶液。吸取供试品溶液 2 μL，点于硅胶 G 薄层板上，挥干，再点加间苯三酚盐酸试液 2 μL，即显粉红色至紫红色的圆环。

③精密吸取【鉴别】②项下的供试品溶液 10 μL，置 10 mL 量瓶中，加无水乙醇至刻度，摇匀，照紫外 – 可见分光光度法（通则 0401）测定，在 259 nm 波长处有最大吸收。

④取八角对照药材 1 g，照【鉴别】②项下的供试品溶液制备方法，制成对照药材溶液。另取茴香醛对照品，加无水乙醇制成每 1 mL 含 10 μL 的溶液，作为对照品溶液。照薄层色谱法（通则 0502）试验，吸取【鉴别】②项下的供试品溶液及上述 2 种对照溶液各 5 ～ 10 μL，分别点于同一硅胶 G 薄层板上，以石油醚（30 ～ 60 ℃）– 丙酮 – 乙酸乙酯（19：1：1）为展开剂，展开，取出，晾干，喷以间苯三酚盐酸试液。供试品色谱中，在与对照药材色谱相应的位置上，显相同颜色的斑点；在与对照品色谱相应的位置上，显相同的橙色至橙红色斑点。

【含量测定】

挥发油：照挥发油测定法（通则 2204）测定。本品含挥发油不得少于 4.0%（mL/g）。

反式茴香脑：照气相色谱法（通则 0521）测定。

色谱条件与系统适用性试验：聚乙二醇 20000（PEG–20M）毛细管柱（柱长为 30 m，内径为 0.32 mm，膜厚度为 0.25 μm）；程序升温：初始温度 100 ℃，以每分钟 5 ℃ 的速率升温至 200 ℃，保持 8 分钟；进样口温度 200 ℃，检测器温度 200 ℃。理论板数按反式茴香脑峰计算应不低于 30000。

对照品溶液的制备：取反式茴香脑对照品适量，精密称定，加乙醇制成每 1 mL 含 0.4 mg 的溶液，即得。

供试品溶液的制备：取本品粉末（过三号筛）约 0.5 g，精密称定，精密加入乙醇 25 mL，称定重量，超声处理（功率 600 W，频率 40 kHz）30 分钟，放冷，再称定重量，用乙醇补足减失的重量，摇匀，滤过，取续滤液，即得。

测定法：分别精密吸取对照品溶液与供试品溶液各 2 μL，注入气相色谱仪，测定，即得。

本品含反式茴香脑（$C_{10}H_{12}O$）不得少于 4.0%。

巴戟天

【拉丁学名】*Morinda officinalis* F. C. How。

【科属】茜草科（Rubiaceae）巴戟天属（*Morinda*）。

1. 形态特征

藤本。幼枝被硬毛。叶纸质，长圆形、卵状长圆形或倒卵状长圆形，长 6 ～ 13 cm，宽 3 ～ 6 cm，先端短尖，基部钝圆或楔形，有时疏被缘毛，腹面初疏被紧贴长硬毛，后无毛，中脉被刺状或弯毛，背面无毛或中脉疏被硬毛，侧脉 4 ～ 7 对；叶柄长 0.4 ～ 1.1 cm，密被硬毛，托叶长 3 ～ 5 mm，顶部截平。3 ～ 7 个头状花序组成伞形复花序，顶生；花序梗长 0.5 ～ 1.0 cm，被柔毛，基部常卵形或线形总苞片，头状花序有花 4 ～ 10 朵；花 2 ～ 4 基数，花无梗；花萼倒圆锥状，顶部具 2 ～ 3 波状齿，外侧一齿三角状披针形；花冠白色，近钟状，长 6 ～ 7 mm，冠筒长 3 ～ 4 mm，裂片 2 ～ 4 枚，卵形或长圆形，疏被柔毛，内面被髯毛；雄蕊 2 ～ 4 枚；花柱伸出，柱头 2 裂。聚花果具 1 至多个核果，近球形，直径 0.5 ～ 1.1 cm；核果具 2 ～ 4 分核，分核三棱形，具 1 粒种子。

2. 分布

巴戟天在中国分布于广东、广西、福建等地。野生于山谷、溪边或山林下，也有栽培。

3. 功能与主治

巴戟天具有补肾阳、强筋骨、祛风湿的功效，主治阳痿遗精、宫冷不孕、月经不调、小腹冷痛、风湿痹痛、筋骨痿软等症。

4. 种植质量管理规范

（1）种植地选择

选择海拔 200 ～ 700 m、坡度为 25° 左右的稀疏林地作为种植地。

（2）整地

栽植前先深翻土壤，待土块充分风化后再整碎疏松。

（3）育苗

宜选择避风向阳、近水源、土壤疏松、排水良好、pH 值为 5 ～ 6 的地块作为育苗地。

育苗方式有种子繁殖、扦插繁殖和根茎繁殖，生产中大多采用扦插育苗，以春秋季扦插为宜。选择 2 年生以上无病虫害、生长旺盛、茎粗壮的藤茎，剪成长约 5 cm 的单节，或 10 ～ 15 cm 长具 2 ～ 3 个节的枝条作插条。在插条上端挨节处平剪，保留第一节处的叶片，其他节的叶片剪除，下端剪成斜口。每 50 条或 100 条插条捆成一把，基部对齐后浸于溶液中 5 ～ 10 分钟后随即扦插。按行距 15 ～ 20 cm 开沟，然后将插条整齐平行斜放在沟内（株距为 1 ～ 2 cm），扦插深度以挨近第一节叶柄处为宜，插后覆土，浇水。

（4）定植

春秋两季均可定植，以春季为好，春季于春分前后进行，秋季以立秋至秋分定植为宜。起苗前剪去幼苗的先端部分，每根枝条保留 3 ～ 4 个节，同时将叶片剪去一半，以减少水分消耗。起苗后立即用黄泥浆浆根，栽植于已挖好的种植穴中，株距为 30 ～ 50 cm，每穴栽苗 1 ～ 2 株。定植时要使幼苗根系舒展，栽后压实土壤，同时插芒箕等物遮阴，在林下定植则不需遮阴。

（5）田间管理

①肥。幼苗长出 1 ～ 2 对新叶时开始施肥，以有机肥料为主，如土杂肥、火烧土、草木灰等混合肥，每亩施肥量为 1000 ～ 2000 kg。定植前两年每年除草追肥 2 ～ 3 次，肥料以氮肥为主，适当施磷钾肥。忌施氯化铵、硫酸铵以及猪尿、牛尿。

②中耕除草。定植后前两年每年的 5 月、10 月各除草 1 次。植株茎基周围的杂草宜用手拔除，勿让根裸露出土面，结合除草进行培土。

③整形修剪。冬季进行整形修剪，保留幼嫩呈红紫色的茎蔓，将已老化呈绿色的茎蔓适当剪短。或设支架让茎蔓攀爬，以免因接触地面后生不定根而影响产量。

（6）病虫害防治

病害主要有茎基腐病、轮纹病和煤烟病等。茎基腐病一般于每年 10 月发生，一旦发现有病况的巴戟天，必须连根拔除，并用石灰混合草木灰按照一定的比例施入巴戟天根部进行杀菌。轮纹病可采取药物喷洒来防治，采用波尔多液按照 1∶2∶100 的比例混合后喷洒，每次喷施周期不可超过 10 天，持续 2 ～ 3 次。烟煤病可采用 50% 退菌特 800 倍液喷施进行防治。

虫害主要有蚜虫、介壳虫、红蜘蛛、粉虱和潜叶蛾等。蚜虫可用 25% 杀虫脒 500 ～ 1000 倍液喷杀，粉虱可用乐果乳剂 1500 倍稀释液喷杀，潜叶蛾可用 40% 乐果乳剂 1000 ～ 1500 倍稀释液喷杀。

5. 采收质量管理规范

（1）采收时间
于定植 3 ～ 5 年后的秋冬季进行采收。

（2）采收方法
先将植株根部四周的泥土挖开，然后整株挖起，抖去泥土，摘下肉质根，洗去泥沙，运回后进行干燥加工。

（3）保存方法
去掉侧根及芦头，晒至六七成干，待根质柔软时，用木槌轻轻捶扁（切勿打烂或使皮肉碎裂），按商品要求剪成 10 ～ 12 cm 的短节，再按粗细分级后分别晒至足干。用麻袋或木箱贮存于温度 30 ℃以下、相对湿度为 70% ～ 80% 的通风干燥处。

6. 质量要求及分析方法

【性状】本品为扁圆柱形，略弯曲，长短不等，直径 0.5 ～ 2.0 cm。表面灰黄色或暗灰色，具纵纹和横裂纹，有的皮部横向断离露出木部；质韧，断面皮部厚，紫色或淡紫色，易与木部剥离；木部坚硬，黄棕色或黄白色，直径 1 ～ 5 mm。气微，味甘而微涩。

【鉴别】
①本品横切面：木栓层为数列细胞。栓内层外侧石细胞单个或数个成群，断续排列成环；薄壁细胞含有草酸钙针晶束，切向排列。韧皮部宽广，内侧薄壁细胞含草酸钙针晶束，轴向排列。形成层明显。木质部导管单个散在或 2 ～ 3 个相聚，呈放射状排列，直径至 105 μm；木纤维较发达；木射线宽 1 ～ 3 列细胞；偶见非木化的木薄壁细胞群。

粉末淡紫色或紫褐色。石细胞淡黄色，类圆形、类方形、类长方形、长条形或不规则形，有的一端尖，直径 21 ～ 96 μm，壁厚至 39 μm，有的层纹明显，纹孔和孔沟明显，有的石细胞形大，壁稍厚。草酸钙针晶多成束存在于薄壁细胞中，针晶长至 184 μm。具缘纹孔导管淡黄色，直径至 105 μm，具缘纹孔细密。纤维管胞长梭形，具缘纹孔较大，纹孔口斜缝状或相交成"人"字形、"十"字形。

②取本品粉末 2.5 g，加乙醇 25 mL，加热回流 1 小时，放冷，过滤，滤液浓缩至

1 mL，作为供试品溶液。另取巴戟天对照药材 2.5 g，同法制成对照药材溶液。照薄层色谱法（通则 0502）试验，吸取上述两种溶液各 10 μL，分别点于同一硅胶 GF$_{254}$ 薄层板上，以甲苯 – 乙酸乙酯 – 甲酸（8∶2∶0.1）为展开剂，展开，取出，晾干，置紫外光灯（254 nm）下检视。供试品色谱中，在与对照药材色谱相应的位置上，显相同颜色的斑点。

【检查】水分不得过 15.0%（通则 0832 第二法），总灰分不得过 6.0%（通则 2302）。

【浸出物】照水溶性浸出物测定法（通则 2201）项下的冷浸法测定，不得少于 50.0%。

【含量测定】照高效液相色谱法（通则 0512）测定。

色谱条件与系统适用性试验：以十八烷基硅烷键合硅胶为填充剂；以甲醇 – 水（3∶97）为流动相；蒸发光散射检测器检测。理论板数按耐斯糖峰计算应不低于 2000。

对照品溶液的制备：取耐斯糖对照品适量，精密称定，加流动相制成每 1 mL 含 0.2 mg 的溶液，即得。

供试品溶液的制备：取本品粉末（过三号筛）0.5 g，精密称定，置具塞锥形瓶中，精密加入流动相 50 mL，称定重量，沸水浴中加热 30 分钟，放冷，再称定重量，用流动相补足减失的重量，摇匀，放置，取上清液滤过，取续滤液，即得。

测定法：分别精密吸取对照品溶液 10 μL、30 μL，供试品溶液 10 μL，注入液相色谱仪，测定，用外标两点法对数方程计算，即得。

本品按干燥品计算，含耐斯糖（C$_{24}$H$_{42}$O$_{21}$）不得少于 2.0%。

赤苍藤

【拉丁学名】*Erythropalum scandens* Bl.。

【科属】铁青树科（Olacaceae）赤苍藤属（*Erythropalum*）。

1. 形态特征

常绿藤本。植株长 5 ～ 10 m。具腋生卷须；枝纤细，绿色，有不明显的条纹。叶纸质至厚纸质或近革质，卵形、长卵形或三角状卵形，长 8 ～ 20 cm，宽 4 ～ 15 cm，顶端渐尖、钝尖或突尖，稀为圆形，基部变化大，微心形、圆形、截平或宽楔形，叶腹面绿色，背面粉绿色；基出脉 3 条，稀 5 条，基出脉每边有侧脉 2 ～ 4 条，在背面凸起，网脉疏散，稍明显；叶柄长 3 ～ 10 cm。花排成腋生的二歧聚伞花序，花序长 6 ～ 18 cm，花序分枝及花梗均纤细，花后渐增粗、增长，花梗长 0.2 ～ 0.5 mm，总花梗长（3 ～）4 ～ 8（～ 9）cm；花萼筒长 0.5 ～ 0.8 mm，具 4 ～ 5 枚裂片；花冠白色，直径 2.0 ～ 2.5 mm，裂齿小，卵状三角形；雄蕊 5 枚；花盘隆起。核果卵状椭圆形或椭圆状，长 1.5 ～ 2.5 cm，直径 0.8 ～ 1.2 cm，全为增大成壶状的花萼筒所包围，花萼筒顶端有宿存的波状裂齿，成熟时淡红褐色，干后为黄褐色，常不规则开裂为 3 ～ 5 裂瓣；果梗长 1.5 ～ 3.0 cm。种子蓝紫色。花期 4—5 月，果期 5—7 月。

2. 分布

赤苍藤在国外分布于印度、尼泊尔、缅甸、越南、老挝、马来西亚、印度尼西亚、菲律宾等，在中国分布于云南、贵州南部、西藏东南部、广西、广东中部和海南。在广东、广西生长于海拔 280 ～ 550 m 的地区，在云南、贵州生长于海拔 1000 ～ 1500 m 的地区。多见于低山及丘陵地区、山区溪边、山谷树林的林缘或灌丛中。

3. 功能与主治

赤苍藤具有清热利湿、祛风活血的功效，主治水肿、小便不利、黄疸、半身不遂、风湿骨痛、跌打损伤等症。

4. 种植质量管理规范

（1）种植地选择

选择透气性强、pH 值为 5.0 ～ 6.5 的微酸性土壤的坡地，忌在高处干燥地和积水的低洼地种植。

（2）整地

整地深度为 30 ～ 40 cm，沙土宜浅，黏土宜深，整地时应将石块、杂草等杂物清理干净。翻地时施入有机肥料，用量为 150 ～ 200 kg/ 亩。

（3）起苗

起苗方式主要有 2 种：裸根起苗、带土球起苗。裸根起苗是用工具将苗带土挖起，然后将根上附着的土块轻轻抖落。带土球起苗是用工具将苗四周挖开，然后从侧下方将苗挖起，苗木根系带有完整的土球。起苗后摘除一部分叶片。

（4）栽植

起苗后立即栽植。株行距一般为 2.5 m×5.0 m，将根系舒展于穴中，然后覆土、压实。

（5）田间管理

①水。浇水根据季节、土质、种植区域等不同而异。一般而言，春、夏季气温较高，水分蒸发量大，需多次浇水，浇水量也要大些；秋季降水量较多，应减少浇水量及次数；夏季浇水宜在清晨和傍晚进行；冬季因早晚气温较低，浇水应在中午前后进行。

②肥。每年施肥 3 ～ 4 次，开花期不宜追肥。

③中耕除草。除草应本着"除早、除小、除了"的原则进行，在杂草发生之初应及时除去。中耕深度幼苗期应浅，以后逐渐加深，一般为 3 ～ 5 cm。近根处宜浅，远根处宜深。

④搭架。赤苍藤为藤本植物，生长后期需搭架，常见的是双线立式支架，即选取耐腐蚀的木桩、水泥桩或市场上 25 号铁水管作桩，支架高度为 1.3 ～ 1.4 m，支架间距为 1.5 ～ 2.0 m，铁丝选用 8 号或 12 号规格，支架四周拉斜线固定。

⑤整形修剪。幼苗期以整形为主，当新生枝条超过 50 cm 时要及时摘心。

（6）病虫害防治

赤苍藤抗性较强，较少病虫害发生，一般采取控制温度和适当修枝的方式进行病虫害防治。

5. 采收质量管理规范

（1）采收时间

嫩尖在 10 cm 以上即可采收，随采随用，四季均可采收。

（2）采收方法

采收 10 cm 以上的新鲜嫩芽，以指甲可轻松掐断为宜，生长旺盛季节每隔 2～3 天采收 1 次，秋冬季节每隔 5～8 天采收 1 次。

（3）保存方法

食用的新鲜嫩芽一般采收后直接上市。药用的一般春夏采收全株后除去杂质、洗净后鲜用或晒干保存。

粗叶榕

【拉丁学名】*Ficus hirta* Vahl。

【科属】桑科（Moraceae）榕属（*Ficus*）。

1. 形态特征

灌木或小乔木。嫩枝中空，小枝，叶和榕果均被金黄色展开的长硬毛。叶互生，纸质，多型，长椭圆状披针形或广卵形，长 10～25 cm，边缘具细锯齿，有时全缘或 3～5 深裂，先端急尖或渐尖，基部圆形、浅心形或宽楔形，表面疏生贴伏粗硬毛，背面密生或疏生展开的白色或黄褐色绵毛和糙毛，基生脉 3～5 条，侧脉每边 4～7 条；叶柄长 2～8 cm；托叶卵状披针形，长 10～30 mm，膜质，红色，被柔毛。榕果成对腋生或生于已落叶枝上，球形或椭圆球形，无梗或近无梗，直径 10～15 mm，幼时顶部苞片形成脐状凸起，基生苞片卵状披针形，长 10～30 mm，膜质，红色，被柔毛；雌花果球形，雄花及瘿花果卵球形，无柄或近无柄，直径 10～15 mm，幼嫩时顶部苞片形成脐状凸起，基生苞片早落，卵状披针形，先端急尖，外面被贴伏柔毛；雄花生于榕果内壁近口部，有柄，花被片 4 片，披针形，红色，雄蕊 2～3 枚，花药椭圆形，长于花丝；瘿花花被片与雌花同数，子房球形，光滑，花柱侧生，短，柱头漏斗形；雌花生雌株榕果内，有梗或无梗，花被片 4 片。瘦果椭圆球形，表面光滑，花柱贴生于一侧微凹处，细长，柱头棒状。

2. 分布

粗叶榕在国外分布于尼泊尔、不丹、印度东北部、越南、缅甸、泰国、马来西亚、印度尼西亚，在中国分布于云南、贵州、广西、广东、海南、湖南、福建、江西。喜温暖、湿润的环境，生于山林中、山谷灌木丛中及村寨沟边，适宜生长在向阳坡地或半向阳坡地。

3. 功能与主治

粗叶榕具有益气健脾、祛痰化湿、舒筋活络的功效，主治肺结核咳嗽、慢性支气管炎、风湿性关节炎、腰腿疼痛、脾虚浮肿、病后盗汗、白带异常等症。

4. 种植质量管理规范

（1）种植地选择

选择光照良好、土层深厚、土质疏松肥沃、排灌良好、交通便利的向阳或半阳坡地作为种植地，坡度以不超过 25° 为佳。土壤选择 pH 值为 6.5 ~ 7.5 的红壤、赤红壤。

（2）整地

种植前的冬季深翻土地，翌年春季进行碎土、整平。平地种植适宜的株行距为 80 cm×100 cm，山地种植适宜的株行距为 60 cm×80 cm。种植前按长、宽、深均为 50 cm 的规格挖好种植穴，将表土与底层土分开堆放。

（3）选苗

宜选择品种纯正、叶片浓绿、无病虫害、生长健壮、有 3 ~ 4 片叶、高 30 ~ 40 cm 的营养杯苗。

（4）栽植

2—3 月选择阴天或晴天的下午进行。栽植时先将苗木营养杯去掉（不能把泥土弄散），放入穴中（每穴栽 1 株）。填土时先把表土及杂草垫在穴底，每穴放 2 ~ 3 kg 腐熟农家肥作基肥；然后与土壤混匀后种植；最后压实苗木周围土壤，淋足定根水，四周用稻草或杂草覆盖以保持土壤湿润。

（5）田间管理

①补苗。定植后 20 天左右进行检查，发现缺苗、死苗要及时补苗，以确保全苗。

②中耕除草。栽植后于每年苗木生长旺季（5月、7月、9月）中耕除草 3 ~ 4 次。

③肥。定植后 20 天左右可追施返青肥，以速效氮肥为主，每株施尿素 3 ~ 5 g，稀释 1000 倍施用，隔 20 天左右再施 1 次（可配施适量复合肥料），以促进粗叶榕快速生长。于粗叶榕生长旺盛期（5—8月）沿树冠幅外缘挖对称的施肥沟，沟长 20 ~ 30 cm，沟深 10 cm 左右，沟中施过磷酸钙 50 g 或腐熟人粪水 1 ~ 2 kg。过冬肥以有机肥料为主，每株施 1.0 ~ 1.5 kg 腐熟厩肥等，然后培土，后期随植株的生长适当增加施肥量。

④定干修剪。6—7月将主干 35 cm 以下的萌芽剪除，保留 3 ~ 5 条生长健壮、不同方向的侧芽或侧枝，摘除徒长枝、病虫枝、过弱的花和果。

（6）病虫害防治

常见的病害主要有炭疽病。发生炭疽病应及时把带病枝叶剪除并移至种植区外用石灰掩埋，种植基地全园喷 0.5% 倍量式波尔多液，间隔 7～10 天后再喷 1 次甲基托布津 600 倍液。

虫害主要有卷叶蛾和黏虫。发现卷叶蛾后，用 90% 敌百虫 1000 倍液喷杀，然后冬季施肥时一并清除园内枯枝落叶及杂草，集中焚烧。黏虫防治可喷施 2.5% 高效氯氟氰菊酯乳油 2000～3000 倍液或 25% 灭幼脲悬浮剂 2000 倍液。

5. 采收质量管理规范

（1）采收时间

种植 3～4 年后即可采收，采收宜在秋冬季节进行。

（2）采收方法

用挖掘机采挖，无论植株大小如何都全部连根拔起。

（3）保存方法

采收后，先把根表面泥土抖落干净，然后按大小、粗细分级，并把细的根和须根切下，捆成小扎，大的根趁新鲜将其切成厚片，及时晒干，以防变色。如遇阴雨天气可用低温烘干，切忌高温烘烤。晒干后用塑料密封袋包装成件，以利贮藏和运输。

大叶冬青

【拉丁学名】*Ilex latifolia* Thunb.。

【科属】冬青科（Aquifoliaceae）冬青属（*Ilex*）。

1. 形态特征

常绿大乔木。植株高达 20 m，胸径 60 cm。全体无毛；树皮灰黑色；分枝粗壮，具纵棱及槽，黄褐色或褐色，光滑，具明显隆起、阔三角形或半圆形的叶痕。叶生于 1～3 年生枝上，叶片厚革质，长圆形或卵状长圆形，长 8～19（～28）cm，宽 4.5～7.5（～9）cm，先端钝或短渐尖，基部圆形或阔楔形，边缘具疏锯齿，齿尖黑色，腹面深绿色，具光泽，背面淡绿色，中脉在腹面凹陷，在背面隆起，侧脉每边 12～17 条，在腹面明显，背面不明显；叶柄粗壮，近圆柱形，长 1.5～2.5 cm，直径约 3 mm，腹面微凹，背面具皱纹；托叶极小，宽三角形，急尖。由聚伞花序组成的假圆锥花序生于 2 年生枝的叶腋内，无总梗；主轴长 1～2 cm，基部具宿存的圆形、覆瓦状排列的芽鳞，内面的膜质，较大。花淡黄绿色，4 朵基数。雄花假圆锥花序的每个分枝具花 3～9 朵，呈聚伞花序状，总花梗长 2 mm；苞片卵形或披针形，长 5～7 mm，宽 3～5 mm；花梗长 6～8 mm，小苞片 1～2 枚，三角形；花萼近杯状，直径约 3.5 mm，4 浅裂，裂片圆形；花冠辐状，直径约 9 mm，花瓣卵状长圆形，长约 3.5 mm，宽约 2.5 mm，基部合生；雄蕊与花瓣等长，花药卵状长圆形，长为花丝的 2 倍；不育子房近球形，柱头稍 4 裂。雌花花序的每个分枝具花 1～3 朵，总花梗长约 2 mm，单花花梗长 5～8 mm，具小苞片 1～2 枚；花萼盘状，直径约 3 mm；花冠直立，直径约 5 mm；花瓣 4 枚，卵形，长约 3 mm，宽约 2 mm；退化雄蕊长为花瓣的 1/3，败育花药小，卵形；子房卵球形，直径约 2 mm，柱头盘状，4 裂。果实球形，直径约 7 mm，成熟时红色，宿存柱头薄盘状，基部宿存花萼盘状，伸展，外果皮厚，平滑。分核 4 个，轮廓长圆状椭圆形，长约 5 mm，宽约 2.5 mm，具不规则的皱纹和尘穴，下面具明显的纵脊，内果皮骨质。花期 4 月，果期 9—10 月。

2. 分布

大叶冬青在国外分布于日本，在中国分布于江苏（宜兴）、安徽、浙江、江西、福建、河南（大别山）、湖北（来凤、兴山、随州、应山、黄梅、英山、罗城、麻城）、广西及云南东南部（西畴、麻栗坡）等地。常分布于海拔 250～1500 m 的常绿阔叶林、灌丛或竹林中。

3. 功能与主治

大叶冬青具有散风热、清头目、除烦渴的功效，主治目赤、头痛、齿痛、聤耳、热病烦渴、痢疾等症。

4. 种植质量管理规范

（1）种植地选择

选择低丘、中丘或低山山腰、山麓，海拔较低、背北风、背西晒的谷地或坡地种植，坡度小于 25°。以 pH 值 5.5～6.5、富含腐殖质的沙质壤土为佳。

（2）整地

深翻、平整土地后开沟种植，沟深 50 cm、沟宽 40 cm，将表土和底层土分开堆放；开沟后回填 10 cm 表土，覆土高出地面约 10 cm。坡地及零星分布的块地挖穴种植，穴长、宽、深各 50 cm，株行距 1 m×1.5 m，然后下层放表土 10 cm，中层施 20～30 cm 厚的土杂肥，上层覆土高出穴面约 10 cm。缓坡平地则起畦种植，畦宽 3 m，畦长视地块而定，畦距 30～40 cm。

（3）选苗

选取健壮、无病虫害的苗木，以营养袋扦插苗为好（苗木标准为高 25 cm 以上、地径 0.3 cm 以上、根系发达）。

（4）栽植

将幼苗置于穴中央，让根系舒展，培土压实。定植时浇足定根水，间隔 2～3 天再浇水 1 次。定植后的 10～15 天尽可能盖遮阴物进行临时遮阴。

（5）田间管理

①水。栽植后保持土壤湿润，旱季注意灌溉，雨季注意排涝。

②肥。苗木成活后和生长前期薄施复合肥料（氮、磷、钾比例为 1∶1∶1），少量多次，成林树要多施氮肥（氮、磷、钾比例为 3∶1∶1）。追施速效肥宜在春芽萌动前及春夏季茶芽采摘过后进行，追迟效肥（如过磷酸钙等）则宜在秋冬初期进行。

③除草。幼苗期以人工锄草为佳。春夏季最好浅耕锄草，坚持有草必除的原则，使地面无杂草。郁闭后若有少量杂草可用化学剂防除。

④中耕。开垦时耕翻较浅或仅深耕过播种沟的种植园应在秋季进行 1 次行间中

耕，3年已郁闭后可完全实现免耕。

⑤整形修剪。苗高40 cm时打顶，矮化植株；二级分枝在30 cm左右时及时摘心，结合吊枝处理，使枝条开角为30°～40°；外围枝条压弯后扩开树冠。种植2年内以采代剪（采芽原则：逢芽则采、长芽多采、短芽少采、高梢多采、低梢少采、粗壮芽强采），将茶树高度控制在1 m以下。3年生的则根据植株高度情况在年底进行修剪，去除密集枝、病弱枝。

（6）病害防治

大叶冬青的病害主要有叶斑病、枝枯病等。防治应遵循"预防为主，综合治理"的方针。宜采用生物农药或低毒高效农药，做到有机化和无公害栽培管理。

5. 采收质量管理规范

（1）采收时间

全年可采，采摘茶叶时，应在叶芽变成浅绿色时开始采摘。

（2）采收方法

大叶冬青采摘要适时适量。幼龄茶树每年抽芽3～7次，宜以养为主、以采为辅，不宜过多采摘。主芽、粗芽、长梢多采；侧芽、短芽、弱芽少采，也可利用生长优势，先采摘少量粗壮的大芽，待侧芽、腋芽萌生增多后再采。

（3）保存方法

除去杂质、枝梗、泥土后参照其他茶叶的"采摘—萎凋—杀青—揉捻—干燥—包装"等标准来进行加工保存。

豆腐柴

【拉丁学名】*Premna microphylla* Turcz.。

【科属】马鞭草科（Verbenaceae）豆腐柴属（*Premna*）。

1. 形态特征

直立灌木。幼枝有柔毛，老枝变无毛。叶揉之有臭味，卵状披针形、椭圆形、卵形或倒卵形，长 3 ～ 13 cm，宽 1.5 ～ 6.0 cm，顶端急尖至长渐尖，基部渐狭窄下延至叶柄两侧，全缘至有不规则粗齿，无毛至有短柔毛；叶柄长 0.5 ～ 2.0 cm。聚伞花序组成顶生塔形的圆锥花序；花萼杯状，绿色，有时带紫色，密被毛至几无毛，但边缘常有睫毛，近整齐的 5 浅裂；花冠淡黄色，外有柔毛和腺点，花冠内部有柔毛，以喉部较密。核果紫色，球形至倒卵形。花、果期 5—10 月。

2. 分布

豆腐柴在国外分布于日本，在中国主产于华东、中南、华南以及四川、贵州等地。常分布于山坡林下或林缘。

3. 功能与主治

豆腐柴具有清热、消肿的功效，主治疟疾、泻痢、痈、疔、肿毒、创伤出血等症。

4. 种植质量管理规范

（1）种植地选择
选择交通便利、管理方便、地势平坦、水源充足、肥力中上的沙壤土地块种植。

（2）整地
苗床进行 2 次翻耕。第 1 次在冬季进行，深翻晒垡，翻耕深度在 25 cm 以上。第 2 次在建苗床时，结合施肥进行，每公顷施腐熟的农家肥 15000 ～ 22500 kg，加过磷酸钙 300 kg 深翻、碎土，然后平整成畦宽为 100 ～ 120 cm、高 15 cm 的苗床。如为旱作熟地，应在翻耕整地时每公顷撒施生石灰 750 ～ 900 kg 进行土壤消毒处理。

（3）育苗

5—7月选取1年生粗壮、无病虫害、芽饱满、半木质化的枝条，去叶，剪成长5～10 cm的插穗，上切口为平切口，下切口稍斜，下切口距最近芽1～2 cm。扦插时插穗漏出床面1～2 cm，穗株行距为3 cm×8 cm。扦插后浇透水，采用75%遮阳网进行遮阴，高温干旱天气早晚各喷水1次。

（4）栽植

选择11月中旬至翌年早春2月的阴天或早、晚进行栽种。栽种前在整好的垄畦或水平种植带上挖种植穴，种植穴株行距为（35～40）cm×（80～90）cm。起苗时选取健壮的苗木，对于过于嫩长的苗木，则剪去顶部嫩弱茎叶，留苗高30 cm左右将苗木置于种植穴中，保持根系舒展，覆土至栽种穴的一半时提苗，压实后再覆土至与穴面持平，压实，后在其上覆盖一层厚1 cm左右的松土。栽种后随即浇透定根水。

（5）田间管理

①水。3—4月每隔10～15天用5%～10%的稀薄尿素浇根1次。雨天注意排水防渍，久旱无雨或旱情严重时做好抗旱工作。

②肥。每年施肥3次左右，即在年前的10月底至12月结合深翻，开沟施冬季肥，每公顷用腐熟的有机肥料22500～30000 kg；2月追施春季催芽肥，每公顷用复合肥料500～600 kg；7—8月结合浅耕每公顷施复合肥料600～700 kg或腐熟的农家肥2000 kg。

③遮阴保湿。栽植后在苗木行间用地膜或秸秆（厚度为5～7 cm）进行覆盖。

④除草。除草结合施肥进行，尽量做到见草就除。

⑤整形修剪。当苗木抽出新梢后，在离地面约20 cm处剪去顶端，养成主干；主干侧芽萌发后选留3个健壮枝梢，其余剪去。当选留的枝梢长到一定高度时，在离地面40～45 cm处剪去，作为第一枝干；当第一枝干上的新梢长到一定长度、可以采收上部枝叶时，在每个枝干上选留3～4个健壮枝梢，在离地面65～70 cm处剪去顶端，作为第二枝干。后期的叶片采集主要在第二枝干上进行。当树势衰弱后，在主干离地面约5 cm高处进行截枝，重新培育树形。

（6）病虫害防治

常见病害主要有褐斑病、炭疽病、白粉病、烟煤病等，虫害主要有螨类、蚧类、蚜虫、蝶蛾类等。防治遵循农业措施为主、药剂防治为辅综合防治的原则。

5. 采收质量管理规范

（1）采收时间

春、夏、秋季均可采收，或于生长期内修剪和采收枝叶。

（2）采收方法

摘取嫩茎叶后的枝条，用刀具切碎晒干。

（3）保存方法

晒干保存或制成绿豆腐。

杜仲

【拉丁学名】*Eucommia ulmoides* Oliver。

【科属】杜仲科（Eucommiaceae）杜仲属（*Eucommia*）。

1. 形态特征

落叶乔木。植株高达 20 m，胸径约 50 cm。树皮灰褐色，粗糙，内含橡胶，折断拉开有多数细丝；嫩枝有黄褐色毛，不久变秃净，老枝有明显的皮孔；芽体卵圆形，外面发亮，红褐色，有鳞片 6 ~ 8 枚，边缘有微毛。叶椭圆形、卵形或矩圆形，薄革质，长 6 ~ 15 cm，宽 3.5 ~ 6.5 cm；基部圆形或阔楔形，先端渐尖；腹面暗绿色，初时有褐色柔毛，不久变秃净，老叶略有皱纹，背面淡绿，初时有褐毛，以后仅在脉上有毛；侧脉 6 ~ 9 对，与网脉在腹面下陷，在背面稍凸起；边缘有锯齿；叶柄长 1 ~ 2 cm，腹面有槽，被散生长毛。花生于当年枝基部，雄花无花被；花梗长约 3 mm，无毛；苞片倒卵状匙形，长 6 ~ 8 mm，顶端圆形，边缘有睫毛，早落；雄蕊长约 1 cm，无毛，花丝长约 1 mm，药隔突出，花粉囊细长，无退化雌蕊；雌花单生，苞片倒卵形，花梗长 8 mm，子房无毛，1 室，扁而长，先端 2 裂，子房柄极短。翅果扁平，长椭圆形，长 3.0 ~ 3.5 cm，宽 1.0 ~ 1.3 cm，先端 2 裂，基部楔形，周围具薄翅；坚果位于中央，稍突起，子房柄长 2 ~ 3 mm，与果梗相接处有关节。种子扁平，线形，长 1.4 ~ 1.5 cm，宽 3 mm，两端圆形。早春开花，秋后果实成熟。

2. 分布

杜仲在中国分布于陕西、甘肃、河南、湖北、四川、云南、贵州、湖南及浙江等省份，现各地广泛栽培。多生长于海拔 300 ~ 500 m 的低山、谷地或低坡的疏林里，对土壤要求不严，在瘠薄的红土或岩石峭壁均能生长。

3. 功能与主治

杜仲具有补肝肾、强筋骨、安胎的功效，常用于治疗肾虚腰痛、筋骨无力、妊娠漏血、胎动不安、高血压等症。

4. 种植质量管理规范

（1）种植地

选择土层深厚、疏松肥沃、土壤酸性或微酸性的荒山、河滩或平地进行种植，以采光性好、土壤深厚肥沃、方便排灌的平地为佳。

（2）整地

对种植地进行带状整地，按 40 cm×40 cm×40 cm 左右规格挖穴，株行距为 3 m×2 m（约 110 株/亩）。穴底每株施入土杂肥 2～3 kg、饼肥 100～200 g、过磷酸钙 200 g，肥料与细土拌匀。

（3）播种育苗

秋播和冬播选择当年采集的种子，春播应选择头一年秋天采集的种子。杜仲种子需低温休眠后才能正常发育，播种前可采用层积处理、赤霉素处理、温汤浸种处理等方法进行处理。早春 2—3 月中旬、日均气温稳定在 10 ℃左右即可播种，每亩用种量为 7～10 kg。

（4）种植

种植时间分为秋栽与春栽两种，秋栽为每年 11—12 月，春栽为每年 3—4 月，其中最佳栽植时间为杜仲发芽时，随发随栽。山地等高线栽植通常株距为 4 m，行距为 5 m，平地栽植通常株距为 4～5 m，行距为 5～6 m，苗木栽好后浇足定根水。

（5）田间管理

①水。每年浇水不少于 2 次，春秋各 1 次：春季宜在 4 月初至 5 月初进行；秋季宜在 11 月左右，可结合冬季施肥进行。

②肥。种植后第 3 年开始施肥，每年 11 月下旬树叶刚落完时施 1 次冬肥，以施有机肥料为主，3～6 年生的树每株施 20～30 kg，7 年生以上的每株施 30～40 kg，施有机肥料时每株加入过磷酸钙 2～3 kg。每年 3 月下旬至 4 月上旬进行追肥，以氮肥为主，3～6 年生树每株施尿素 1.0～1.5 kg，7 年生以上的树每株施 2 kg。根外施肥以叶面喷 0.5% 的尿素为宜。

③截干。每年春季对主干高度低于 6 m 的植株进行截干，截干的位置应选择顶梢以下木质化程度高的壮芽上方，截干时注意不要损伤下方选留的壮芽。截干后及时用油漆、伤口愈合剂等涂抹伤口，及时抹除选留芽下方萌生的竞争枝。

④平茬。春季发芽前对 1～3 年生、主干扭曲的幼树进行平茬，平茬高度以保留茎干 1～2 cm 处为宜。平茬后及时在平茬处进行除萌，保留 1 个健壮向上的萌条，在萌条 2.5 m 范围内不留侧枝。

（6）病虫害防治

常见病害主要有立枯病、根腐病、叶枯病等。立枯病防治：育苗床地忌用黏土，播种时用 50% 多菌灵（用量为 37.5 kg/hm²）与细土混合，撒在苗床上或播种沟内消毒；幼苗出土后每隔 7 ～ 10 天喷 1 次等量式波尔多液预防，共喷 2 ～ 3 次；病害发生时则用 50% 多菌灵 1000 倍液浇灌。根腐病防治：发病高峰期为 6—8 月，用 50% 甲基托布津可湿性粉剂 1000 倍液喷防。叶枯病防治：冬季及时清除种植园内的枯枝落叶；发病初期摘除病叶，连喷 2 ～ 3 次（每次间隔 5 ～ 7 天）波尔多液或 65% 代森锌可湿性粉剂 500 倍液。

常见虫害主要有豹纹木蠹。豹纹木蠹蛾防治：除注意做好清园外，成虫产卵前（6 月初）用生石灰、硫黄粉、水（比例为 10 ∶ 1 ∶ 40）调好后刷涂树干；幼虫蛀入树干后可用棉球蘸 50% 敌敌畏乳油 2 ～ 5 倍液塞入蛀孔内毒杀。

5. 采收质量管理规范

（1）采收时间

6 月上旬至 7 月初采收 10 年以上、长势较强的杜仲树木的树皮。

（2）采收方法

采用环剥的方法采收树皮。10 年生的杜仲，每年环剥 1 个主枝，5 年 1 个轮剥期，经过 3 个轮剥期，树龄达 25 年时，主干可增粗至 25 ～ 30 cm。当树龄到 50 年时，需伐桩更新，重新造林。环剥主干时用锋利的刀在树干基部离地面约 10 cm 处环割一圈，以此为起点，按规格要求，向上量好长度，环割第 2 道切口，自上而下纵割一刀，深达木质部。用竹片顺纵缝轻轻向两侧撬起树皮，边撬边割去残连的韧皮部，注意不要戳伤形成层，以免影响新皮的生长。剥皮整个过程动作要轻、快、准，将树皮整片撕下。剥皮后 24 小时内严防阳光直射、雨淋及喷洒农药。

（3）保存方法

将树皮晒干或烘干后装木箱内加盖保存，注意防潮。

6. 质量要求及分析方法

【**性状**】本品呈板片状或两边稍向内卷，大小不一，厚 3 ～ 7 mm。外表面淡棕色或灰褐色，有明显的皱纹或纵裂槽纹；有的树皮较薄，未去粗皮，可见明显的皮孔。内表面暗紫色，光滑。质脆，易折断，断面有细密、银白色、富弹性的橡胶丝相连。气微，味稍苦。

【鉴别】

①本品粉末棕色。橡胶丝成条或扭曲成团，表面显颗粒性。石细胞甚多，大多成群，类长方形、类圆形、长条形或形状不规则，长约至180 μm，直径20～80 μm，壁厚，有的胞腔内含橡胶团块。木栓细胞表面观为多角形，直径15～40 μm，壁不均匀增厚，木化，有细小纹孔；侧面观为长方形，壁三面增厚，一面薄，孔沟明显。

②取本品粉末1 g，加三氯甲烷10 mL，浸渍2小时，滤过。滤液挥干，加乙醇1 mL，产生具弹性的胶膜。

【浸出物】照醇溶性浸出物测定法（通则2201）项下的热浸法测定，用75%乙醇作溶剂，不得少于11.0%。

【含量测定】照高效液相色谱法（通则0512）测定。

色谱条件与系统适用性试验：以十八烷基硅烷键合硅胶为填充剂；以甲醇－水（25：75）为流动相；检测波长为277 nm。理论板数按松脂醇二葡萄糖苷峰计算应不低于1000。

对照品溶液的制备：取松脂醇二葡萄糖苷对照品适量，精密称定，加甲醇制成每1 mL含0.5 mg的溶液，即得。

供试品溶液的制备：取本品约3 g，剪成碎片，揉成絮状，取约2 g，精密称定，置索氏提取器中，加入三氯甲烷适量，加热回流6小时，弃去三氯甲烷液，药渣挥去三氯甲烷，再置索氏提取器中，加入甲醇适量，加热回流6小时，提取液回收甲醇至适量，转移至10 mL量瓶中，加甲醇至刻度，摇匀，滤过，取续滤液，即得。

测定法：分别精密吸取对照品溶液与供试品溶液各10 μL，注入液相色谱仪，测定，即得。

本品含松脂醇二葡萄糖苷（$C_{32}H_{42}O_{16}$）不得少于0.10%。

多花黄精

【拉丁学名】*Polygonatum cyrtonema* Hua。

【科属】天门冬科（Asparagaceae）黄精属（*Polygonatum*）。

1. 形态特征

根状茎肥厚，通常连珠状或结节成块，少有近圆柱形，直径 1～2 cm。茎高 50～100 cm，通常具 10～15 枚叶。叶互生，椭圆形、卵状披针形至矩圆状披针形，少有稍作镰状弯曲，长 10～18 cm，宽 2～7 cm，先端尖至渐尖。花序具（1～）2～7（～14）朵花，伞形，总花梗长 1～4（～6）cm，花梗长 0.5～1.5（～3.0）cm；苞片微小，位于花梗中部以下，或不存在；花被黄绿色，全长 18～25 mm，裂片长约 3 mm；花丝长 3～4 mm，两侧扁或稍扁，具乳头状突起至具短绵毛，顶端稍膨大乃至具囊状突起，花药长 3.5～4.0 mm；子房长 3～6 mm，花柱长 12～15 mm。浆果黑色，直径约 1 cm。具 3～9 颗种子。花期 5—6 月，果期 8—10 月。

2. 分布

多花黄精在中国分布于四川，贵州，湖南，湖北，河南南部、西部，江西，安徽，江苏南部，浙江，福建，广东中部、北部，广西北部。常生于林下、灌丛或山坡阴处，海拔 500～2100 m。

3. 功能与主治

多花黄精具有补气养阴、健脾、润肺、益肾的功效，主治脾胃气虚、体倦乏力、胃阴不足、口干食少、肺虚燥咳、劳嗽咳血、精血不足、腰膝酸软、须发早白、内热消渴等症。

4. 种植质量管理规范

（1）种植地选择

选择阴冷潮湿、土层深厚、疏松肥沃、土壤 pH 值为 6～7 的地块种植，忌选用土壤黏重、地势低洼易积水的地块。在郁闭度为 65%～80% 的混交林下仿野生种植可显著提高产量。

（2）整地

将林下的枯枝、杂草等清理干净，使林间郁闭度保持在 70% 左右，并在整地过程中施入基肥，施腐熟农家有机肥料 1000 kg/亩、过磷酸钙 20 kg/亩。然后翻耕深约 25 cm，耕成条状宽约 1.2 m、高约 25 cm 的垄畦，畦面尽可能平整，四周连通排水沟渠。

（3）栽植

移栽时同一地块尽量选用大小一致的种苗。移栽行距为 40 cm，株距为 20 cm，种植穴深 8～10 cm。每穴放入 1 株种苗，顶芽朝下平摆放置，覆土后在上面用稻草等作物秸秆覆盖。移栽后要浇透定根水，后期保持土壤湿润。

（4）田间管理

①打顶摘花。每年春季多花黄精长出地面 50 cm 时，结合除草进行打顶，及时摘除花蕾（采种的除外），以促进地下根茎生长。

②遮阴。光照强的地方需提前做好搭设遮阳网等遮阴处理，透光率宜为 30%～40%，网高约 2 m。

③水。多花黄精喜湿，忌积水，因此雨季要及时排水，避免因积水造成多花黄精烂根。干旱季节应及时进行浇灌，人工灌溉条件差的应适当深栽。

④肥。第 1 年可不施肥或少施。后期于每年的 3—4 月结合中耕除草进行追肥，施入尿素 10～15 kg/亩；于 5 月中旬和 7 月上旬分别施 1 次摘蕾肥和壮根肥，施入复合肥料约 30 kg/亩；11 月倒苗后，施入腐熟农家肥 1200 kg/亩、过磷酸钙 50 kg/亩、饼肥 50 kg/亩，施肥后覆土厚约 2 cm。当年采挖的多花黄精秋季无须追肥。

⑤除草。主要在春夏季进行，后期中耕除草结合施肥进行。

（5）病虫害防治

病害主要有叶斑病、黑斑病、炭疽病。叶斑病可喷施托布津、波尔多液加新高脂膜或退菌特 1000 倍液进行防治，黑斑病可喷施波尔多液 1000 倍液或 50% 退菌特 1000 倍液进行防治，炭疽病可喷施 80% 炭疽福美可湿性粉剂 500 倍液或 70% 代森锰锌可湿性粉剂 500 倍液进行防治。

虫害主要有地老虎和金龟子等。发生虫害时用 2.5% 的敌百虫粉 4～5 kg 和细土 150 kg 混匀后在林下施入，或用 50% 辛硫磷乳油 1000 倍液对林地进行浇灌。

5. 采收质量管理规范

（1）采收时间

根茎繁殖的植株 1～2 年后采收，种苗繁殖的则 3～4 年后采收。采收时间为茎叶完全脱落时的秋季或春季，最佳时间为 10 月中下旬。

（2）采收方法

从下到上依次挖出根茎，挖出后去掉地上部茎秆，将泥沙抖落，去除须根和烂疤部位。

（3）保存方法

将采收的块茎用清水洗净沥干后倒入锅中，加清水没过块茎。蒸制时要大火蒸至全熟。白天置于太阳下暴晒，夜晚堆积过夜，反复多次至多花黄精块茎全干后放置阴凉处保存。

6. 质量要求及分析方法

【**性状**】本品呈长条结节块状，长短不等，常数个块状结节相连。表面灰黄色或黄褐色，粗糙，结节上侧有突出的圆盘状茎痕，直径 0.8～1.5 cm。味苦者不可药用。

【**鉴别**】取本品粉末 1 g，加 70% 乙醇 20 mL，加热回流 1 小时，抽滤，滤液蒸干，残渣加水 10 mL 使溶解，加正丁醇振摇提取 2 次，每次 20 mL，合并正丁醇液，蒸干，残渣加甲醇 1 mL 使溶解，作为供试品溶液。另取黄精对照药材 1 g，同法制成对照药材溶液。照薄层色谱法（通则 0502）试验，吸取上述 2 种溶液各 10 μL，分别点于同一硅胶 G 薄层板上，以石油醚（60～90 ℃）– 乙酸乙酯 – 甲酸（5∶2∶0.1）为展开剂，展开，取出，晾干，喷以 5% 香草醛硫酸溶液，在 105 ℃加热至斑点显色清晰。供试品色谱中，在与对照药材色谱相应的位置上，显相同颜色的斑点。

【**检查**】水分不得过 18.0%（通则 0832 第四法）。总灰分取本品，80 ℃干燥 6 小时，粉碎后测定，不得过 4.0%（通则 2302）；重金属及有害元素照铅、镉、砷、汞、铜测定法（通则 2321 原子吸收分光光度法或电感耦合等离子体质谱法）测定，铅不得过 5 mg/kg，镉不得过 1 mg/kg，砷不得过 2 mg/kg，汞不得过 0.2 mg/kg，铜不得过 20 mg/kg。

【**浸出物**】照醇溶性浸出物测定法（通则 2201）项下的热浸法测定，用稀乙醇作溶剂，不得少于 45.0%。

【**含量测定**】

对照品溶液的制备：取经 105 ℃干燥至恒重的无水葡萄糖对照品 33 mg，精密称定，置 100 mL 量瓶中，加水溶解并稀释至刻度，摇匀，即得（每 1 mL 中含无水葡萄糖 0.33 mg）。

标准曲线的制备：精密量取对照品溶液 0.1 mL、0.2 mL、0.3 mL、0.4 mL、0.5 mL、0.6 mL，分别置 10 mL 具塞刻度试管中，各加水至 2.0 mL，摇匀，在冰水浴中缓缓滴加 0.2% 蒽酮 – 硫酸溶液至刻度，混匀，放冷后置水浴中保温 10 分钟，取出，立即置冰水浴中冷却 10 分钟，取出，以相应试剂为空白。照紫外 – 可见分光光度法（通则 0401），在 582 nm 波长处测定吸光度。以吸光度为纵坐标，浓度为横坐标，绘制标准曲线。

测定法：取 60 ℃干燥至恒重的本品细粉约 0.25 g，精密称定，置圆底烧瓶中，加 80% 乙醇 150 mL，置沸水浴中加热回流 1 小时，趁热滤过，残渣用 80% 热乙醇洗涤 3 次，每次 10 mL，将残渣及滤纸置烧瓶中，加水 150 mL，置沸水浴中加热回流 1 小时，趁热滤过，残渣及烧瓶用热水洗涤 4 次，每次 10 mL，合并滤液与洗液，放冷，转移至 250 mL 量瓶中，加水至刻度，摇匀，精密量取 1 mL，置 10 mL 具塞干燥试管中，照标准曲线的制备项下的方法，自"加水至 2.0 mL"起，依法测定吸光度，从标准曲线上读出供试品溶液中含无水葡萄糖的重量（mg），计算，即得。

本品按干燥品计算，含黄精多糖以无水葡萄糖（$C_6H_{12}O_6$）计，不得少于 7.0%。

粉葛

【拉丁学名】*Pueraria montana* var. *thomsonii*（Bentham）M. R. Almeida。

【科属】豆科（Fabaceae）葛属（*Pueraria*）。

1. 形态特征

粗壮藤本。植株长可达 8 m。全体被黄色长硬毛，茎基部木质，有粗厚的块状根。羽状复叶具 3 枚小叶；托叶背着，卵状长圆形，具线条；小托叶线状披针形，与小叶柄等长或较长；小叶三裂，偶尔全缘，顶生小叶宽卵形或斜卵形，长 7～15（～19）cm，宽 5～12（～18）cm，先端长渐尖，侧生小叶斜卵形，稍小，腹面被淡黄色、平伏的疏柔毛，背面较密；小叶柄被黄褐色茸毛。总状花序长 15～30 cm，中部以上有颇密集的花；苞片线状披针形至线形，远比小苞片长，早落；小苞片卵形，长不及 2 mm；花 2～3 朵聚生于花序轴的节上；花萼钟形，长 8～10 mm，被黄褐色柔毛，裂片披针形，渐尖，比萼管略长；花冠长 10～12 mm，紫色，旗瓣倒卵形，基部有 2 耳及一黄色硬痂状附属体，具短瓣柄，翼瓣镰状，较龙骨瓣为狭，基部有线形、向下的耳，龙骨瓣镰状长圆形，基部有极小、急尖的耳；对旗瓣的 1 枚雄蕊仅上部离生；子房线形，被毛。荚果长椭圆形，长 5～9 cm，宽 8～11 mm，扁平，被褐色长硬毛。花期 9—10 月，果期 11—12 月。

粉葛与原变种的区别在于顶生小叶菱状卵形或宽卵形，侧生的斜卵形，长和宽 10～13 cm，先端急尖或具长小尖头，基部截平或急尖，全缘或具 2～3 枚裂片，两面均被黄色粗伏毛；花冠长 16～18 mm；旗瓣近圆形。花期 9 月，果期 11 月。

2. 分布

粉葛在国外分布于老挝、泰国、缅甸、不丹、印度、菲律宾，在中国分布于云南、四川、西藏、江西、广西、广东、海南。常分布于山野灌丛或疏林中，多为栽培。

3. 功能与主治

粉葛具有解肌退热、生津止渴、透疹、升阳止泻、通经活络、解酒毒的功效，主治外感发热头痛、项背强痛、口渴、消渴、麻疹不透、热痢、泄泻、眩晕头痛、中风偏瘫、胸痹心痛、酒毒伤中等症。

4. 种植质量管理规范

（1）种植地选择

选择前作没种植过豆科作物的土壤和无病虫源的地方种植，以土壤疏松、肥沃、土层深厚干爽及排水方便的地块为宜。

（2）整地

种植地深耕 30 cm 以上，使土壤疏松，按 1.0～1.5 m 的行距开沟起垄，垄高 30～35 cm，单行单株种植。在整地起垄时施入充足基肥：每亩施农家肥 1500 kg 或生物有机肥 750 kg、三元复合肥料 100 kg。起垄作厢，每厢的底部位置长为 30～40 cm，宽约为 16 cm。

（3）选种育苗

结合产量、抗性以及淀粉含量等特性，每年 1—3 月在采收葛藤时，选取粗壮、无病、芽眼密的中部茎节剪成 7～10 cm 长的藤芽条，每条带 2～3 个芽节，按株行距 3 cm×10 cm 集中扦插于疏松的沙壤土等基质中用作种苗。

（4）移栽定植

3—4 月进行移栽，株行距为 40 cm×（100～120）cm。移栽时将葛苗斜插，苗芽朝上，覆土以刚露出幼芽为宜，压实土壤后盖上地膜或稻草保温保湿，及时浇透定根水。后期发现死苗、缺苗应及时补上。

（5）田间管理

①水。粉葛为耐旱怕涝的作物，种植初期浇水宜少，雨后要及时排除积水。

②肥。移栽后 20 天左右进行第 1 次施肥，每亩施三元复合肥料 4～5 kg，可撒施或溶成水肥冲施；移栽 35～40 天时进行第 2 次施肥，每亩施尿素 5～7 kg，兑水淋施；种植 60 天后进行第 3 次施肥，每亩施硫酸钾型复合肥料 25 kg，在苗旁开环沟或开穴撒施；后期每 25～30 天施肥 1 次，采收前 30 天停止施肥，晴天要冲水淋施，雨天可穴施。

③除草。生长前期结合松土除草 2 次，第 1 次在栽后 30 天左右进行，第 2 次在第 1 次除草后 30 天左右进行。生长中期结合疏藤、修根除草 2～3 次。

④压藤育苗。葛藤生长到 1.6 m 后进行压藤育苗，即选取生长健壮的藤蔓，松土后将其埋入土层中，待长出新根后剪去根系两侧的叶节，并将其插入土层，单独生长。此外，需要给新长出的根系浇灌 0.5% 的尿素肥水，以满足植株生长的营养需求。

⑤整枝、留葛。打顶、摘芽、控苗和露头留葛是控制粉葛地上部分生长、促进地下部分生长和块根迅速形成的重要措施。当主蔓长至 1.0～1.5 m 时，将侧蔓、侧芽剪除，主蔓超过 2.0 m 以后进行打顶，促进分枝；当主茎蔓长至约 3 m 时，将植株根部区域土壤扒开露出根须，选择并保留 2～3 条葛形好的壮葛，其余全部割除，然后覆土。

（6）病虫害防治

病害主要有叶斑病、锈病、炭疽病等。叶斑病可选用代森锰锌、多菌灵等杀菌剂防治，锈病可选用粉锈宁、三唑酮防治，炭疽病可选用代森锰锌、灭病威等药剂防治。

虫害主要有蚜虫、黄守瓜、斜纹夜蛾等，可采用高效氯氰菊酯、敌百虫晶体等药剂防治。早春和冬季还易发生鼠害，可采用投放毒饵等方法防治。

5. 采收质量管理规范

（1）采收时间

小雪节气后，50% 粉葛叶子褪掉绿色变为黄色，养分集中在块根，在其停止膨大时即可采收。

（2）采收方法

用人工或小型机械采挖，采收时小心操作，挖大果留小果，勿伤藤，保证外观没有机械操作的划痕，以免影响贮藏及质量。

（3）保存

收获后应及时销售或加工。若来不及销售应及时贮藏，贮藏方法采用层积贮藏：铺 1 层厚约 2 cm 的细沙，放 1 层粉葛，将面层用细沙盖好，保持湿润，并维持良好的通风条件。用此法可保存 5 个月。

6. 质量要求及分析方法

【性状】本品呈圆柱形、类纺锤形或半圆柱形，长 12～15 cm，直径 4～8 cm；有的为纵切或斜切的厚片，大小不一。表面黄白色或淡棕色，未去外皮的呈灰棕色。体重，质硬，富粉性，横切面可见由纤维形成的浅棕色同心性环纹，纵切面可见由纤维形成的数条纵纹。气微，味微甜。

【鉴别】

①本品粉末黄白色。淀粉粒甚多，单粒少见，圆球形，直径 8～15 μm，脐点隐约可见；复粒多，由 2～20 多个分粒组成。纤维多成束，壁厚，木化，周围细胞

大多含草酸钙方晶，形成晶纤维，含晶细胞壁木化增厚。石细胞少见，类圆形或多角形，直径 25 ～ 43 μm。具缘纹孔导管较大，纹孔排列极为紧密。

②取本品粉末 0.8 g，加甲醇 10 mL，放置 2 小时，滤过，滤液蒸干，残渣加甲醇 0.5 mL 使溶解，作为供试品溶液。另取葛根素对照品，加甲醇制成每 1 mL 含 1 mg 的溶液，作为对照品溶液。照薄层色谱法（通则 0502）试验，吸取上述 2 种溶液各 10 μL，分别点于同一硅胶 G 薄层板上，使成条状，以二氯甲烷 – 甲醇 – 水（7∶2.5∶0.25）为展开剂，展开，取出，晾干，置紫外光灯（365 nm）下检视。供试品色谱中，在与对照品色谱相应的位置上，显相同颜色的荧光斑点。

【检查】水分不得过 14.0%（通则 0832 第二法）；总灰分不得过 5.0%（通则 2302）；二氧化硫残留量照二氧化硫残留量测定法（通则 2331）测定，不得过 400 mg/kg。

【浸出物】照醇溶性浸出物测定法（通则 2201）项下的热浸法测定，用 70% 乙醇作溶剂，不得少于 10.0%。

【含量测定】照高效液相色谱法（通则 0512）测定。

色谱条件与系统适用性试验：以十八烷基硅烷键合硅胶为填充剂，以甲醇 – 水（25∶75）为流动相，检测波长为 250 nm。理论板数按葛根素峰计算应不低于 4000。

对照品溶液的制备：取葛根素对照品适量，精密称定，加 30% 乙醇制成每 1 mL 含 80 μg 的溶液，即得。

供试品溶液的制备：取本品粉末（过三号筛）约 0.8 g，精密称定，置具塞锥形瓶中，精密加入 30% 乙醇 50 mL，密塞，称定重量，加热回流 30 分钟，放冷，再称定重量，用 30% 乙醇补足减失的重量，摇匀，滤过，取续滤液，即得。

测定法：分别精密吸取对照品溶液与供试品溶液各 10 μL，注入液相色谱仪，测定，即得。

本品按干燥品计算，含葛根素（$C_{21}H_{20}O_9$）不得少于 0.30%。

钩藤

【拉丁学名】*Uncaria rhynchophylla*（Miq.）Miq. ex Havil.。

【科属】茜草科（Rubiaceae）钩藤属（*Uncaria*）。

1. 形态特征

藤本植物。嫩枝较纤细，方柱形或略有4棱角，无毛。叶纸质，椭圆形或椭圆状长圆形，长5～12 cm，宽3～7 cm，两面均无毛，干时褐色或红褐色，腹面有时有白粉，顶端短尖或骤尖，基部楔形至截形，有时稍下延；侧脉4～8对，脉腋窝陷有黏液毛；叶柄长5～15 mm，无毛；托叶狭三角形，深2裂达全长2/3，背面无毛，腹面无毛或基部具黏液毛，裂片线形至三角状披针形。头状花序（不计花冠）直径5～8 mm，单生叶腋，总花梗具一节，苞片微小，或成单聚伞状排列，总花梗腋生，长5 cm；小苞片线形或线状匙形；花近无梗；花萼管疏被毛，萼裂片近三角形，长0.5 mm，疏被短柔毛，顶端锐尖；花冠管外面无毛，或具疏散的毛，花冠裂片卵圆形，外面无毛或略被粉状短柔毛，边缘有时有纤毛；花柱伸出冠喉外，柱头棒形。果序直径10～12 mm；小蒴果长5～6 mm，被短柔毛，宿存萼裂片近三角形，长1 mm，呈星状辐射。

2. 分布

钩藤在国外主要分布于日本，在中国主要分布于广东、广西、云南、贵州、福建、湖南、湖北及江西。常生于山谷溪边的疏林或灌丛中。

3. 功能与主治

钩藤具有息风定惊、清热平肝的功效，主治肝风内动、惊痫抽搐、高热惊厥、感冒夹惊、小儿惊啼、妊娠子痫、头痛眩晕等症。

4. 种植质量管理规范

（1）种植地选择

可选择土层深厚、排水良好的微酸性沙壤阴坡地种植，也可与密度稀、树冠还不很大的中幼松杉或核桃等林木间套种植。

（2）整地

种植前一个月施入充分腐熟的有机肥料，每亩用量为 2500 kg，翻土 1 次，进行晒或冻，清除杂物和细碎土块。按株行距 1.5 m×2.0 m 或 2.0 m×2.0 m 挖植苗穴，穴长、宽、深均为 30 cm。每穴施入土杂肥或腐熟农家肥 2 kg、三元复合肥料 0.15 kg，并用表层土与肥料混合拌匀施入穴中，然后覆土稍高于原地面，整成龟背形。

（3）育苗

3 月上中旬播种，苗床做成长 10 m、宽 100～120 cm、高 30～40 cm 的平畦，将种子均匀撒播在苗床上，覆盖 0.5～0.8 cm 厚的细土，然后覆盖塑料薄膜。等苗出土后揭除塑料薄膜，覆盖遮阳网。在苗高 10 cm 左右时进行间苗，把密集、长势较好的苗移到新的苗床，留小苗复壮。当小苗长至 30～40 cm 高时进行摘芯，去除顶端优势，使茎秆木质化。

（4）移栽定植

幼苗高 40～80 cm 时即可出圃。出圃前对苗木根系进行修剪，同时在苗高 40 cm 处剪截定干。3—5 月或 10—12 月选择阴天或雨后挖穴定植，穴长、宽、深以苗根系能在穴中自然舒展为宜，每穴 1 株，将苗木扶正，用土覆盖根系，然后填土至满穴，压实后浇定根水。

（5）田间管理

①水。生长期一般不用灌溉，若遇连续干旱天气则需灌溉。

②肥。定植返青后，每株施尿素 0.05 kg，以后每年结合抚育（一般在 5—6 月和 9—11 月）分别追施少量有机生态肥和每株 0.1 kg 三元复合肥料。

③除草。苗期结合松土进行除草，定植后结合抚育除去植株四周的杂草。

④整形修剪。前 2 年茎蔓长至 1.5 m 时及时打顶。从第 3 年开始，每年在采收时对茎蔓进行短截，保留约 60 cm 长。

（6）病虫害防治

病害主要有根腐病等，可喷施 50% 多菌灵 1500 倍液防治。

虫害主要有蛀心虫、毛虫等。发现蛀心虫时，植株顶部会有萎蔫现象，应尽快将萎蔫顶部剪除，从蛀孔中找出幼虫并将其消灭；发现成虫盛发后可喷施 95% 敌百虫 1000 倍液。发生毛虫时可人工捕杀，严重时用 50% 敌敌畏 1000 倍液喷杀。

5. 采收质量管理规范

（1）采收时间

移栽 1 ~ 2 年后可进行少量采收，第 3 年进入丰产期。每年的秋冬两季进行采收。

（2）采收方法

用枝剪等工具将带钩的茎枝剪下。

（3）保存方法

摘除叶片，直接晒干，也可将其置锅内稍蒸或略烫一下后取出晒干，然后切成 2 ~ 3 cm 长的小段，储存于通风干燥处。

6. 质量要求及分析方法

【性状】本品茎枝呈圆柱形或类方柱形，长 2 ~ 3 cm，直径 0.2 ~ 0.5 cm。表面红棕色至紫红色者具细纵纹，光滑无毛；黄绿色至灰褐色者有的可见白色点状皮孔，被黄褐色柔毛。多数枝节上对生两个向下弯曲的钩（不育花序梗），或仅一侧有钩，另一侧为突起的疤痕；钩略扁或稍圆，先端细尖，基部较阔；钩基部的枝上可见叶柄脱落后的窝点状痕迹和环状的托叶痕。质坚韧，断面黄棕色，皮部纤维性，髓部黄白色或中空。气微，味淡。

【鉴别】

①钩藤粉末淡黄棕色至红棕色。韧皮薄壁细胞成片，细胞延长，界限不明显，次生壁常与初生壁脱离，呈螺旋状或不规则扭曲状。纤维成束或单个散在，多断裂，直径 10 ~ 26 μm，壁厚 3 ~ 11 μm。具缘纹孔导管多破碎，直径可达 56 μm，纹孔排列较密。表皮细胞棕黄色，表面观呈多角形或稍延长，直径 11 ~ 34 μm。草酸钙砂晶存在于长圆形的薄壁细胞中，密集，有的含砂晶细胞连接成行。华钩藤与钩藤相似；大叶钩藤单细胞非腺毛多见，多细胞非腺毛 2 ~ 15 细胞；毛钩藤非腺毛 1 ~ 5 细胞；无柄果钩藤少见非腺毛，1 ~ 7 细胞，可见厚壁细胞，类长方形，长 41 ~ 121 μm，直径 17 ~ 32 μm。

②取本品粉末 2 g，加入浓氨试液 2 mL，浸泡 30 分钟，加入三氯甲烷 50 mL，加热回流 2 小时，放冷，滤过，取滤液 10 mL，挥干，残渣加甲醇 1 mL 使溶解，作为供试品溶液。另取异钩藤碱对照品，加甲醇制成每 1 mL 含 0.5 mg 的溶液，作为对照品溶液。照薄层色谱法（通则 0502）试验，吸取供试品溶液 10 ~ 20 μL、对照品溶液 5 μL，分别点于同一硅胶 G 薄层板上，以石油醚（60 ~ 90 ℃）-丙酮（6∶4）

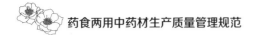

为展开剂，展开，取出，晾干，喷以改良碘化铋钾试液。供试品色谱中，在与对照品色谱相应的位置上，显相同颜色的斑点。

【检查】水分不得过 10.0%（通则 0832 第二法），总灰分不得过 3.0%（通则 2302）。

【浸出物】照醇溶性浸出物测定法（通则 2201）项下的热浸法测定，用乙醇作溶剂，不得少于 6.0%。

广藿香

【拉丁学名】*Pogostemon cablin*（Blanco）Benth.。

【科属】唇形科（Lamiaceae）刺蕊草属（*Pogostemon*）。

1. 形态特征

多年生芳香草本或半灌木。茎直立，高 0.3 ～ 3.0 m，四棱形，分枝，被茸毛。叶圆形或宽卵圆形，长 2.0 ～ 10.5 cm，宽 1.0 ～ 8.5 cm，先端钝或急尖，基部楔状渐狭，边缘具不规则的齿裂，草质，腹面深绿色，被茸毛，老时渐稀疏，背面淡绿色，被茸毛，侧脉约 5 对，与中肋在腹面稍凹陷或近平坦，背面突起；叶柄长 1 ～ 6 cm，被茸毛。轮伞花序 10 朵至多朵花，下部的稍疏离，向上密集，排列成长 4.0 ～ 6.5 cm、宽 1.5 ～ 1.8 cm 的穗状花序，穗状花序顶生及腋生，密被长茸毛，具总梗，梗长 0.5 ～ 2.0 cm，密被茸毛；苞片及小苞片线状披针形，比花萼稍短或与其近等长，密被茸毛；花萼筒状，长 7 ～ 9 mm，外面被长茸毛，内面被较短的茸毛，齿钻状披针形，长约为萼筒 1/3；花冠紫色，长约 1 cm，裂片外面均被长毛；雄蕊外伸，具髯毛；花柱先端近相等 2 浅裂；花盘环状。花期 4 月。

2. 分布

广藿香原产于菲律宾等亚洲热带地区，现在中国福建、台湾、广东、海南与广西均有栽培。喜高温、阳光充足环境，怕霜冻，常见于山坡或路旁。

3. 功能与主治

广藿香具有芳香化浊、和中止呕、发表解暑的功效，主治湿浊中阻、脘痞呕吐、暑湿表证、湿温初起、发热倦怠、胸闷不舒、寒湿闭暑、腹痛吐泻、鼻渊头痛等症。

4. 种植质量管理规范

（1）种植地选择

选择大气、水质、土壤无污染的林间缓坡地、山脚梯田、旱田或排水良好的水田，坡度以小于 15° 为宜。

（2）整地

提前 30 天左右将杂草铲除、灌木挖掉，深翻后碎土，并且向其中均匀撒施腐熟的农家肥 1500 ～ 2000 kg、过磷酸钙 100 kg、腐熟花生麸 100 kg，将这三种肥料搅匀。在栽植前再耕翻一次，做成宽 70 ～ 100 cm、高 30 ～ 40 cm 的田畦，畦长视地形而定，畦间留 30 ～ 40 cm 长的工作通道。

（3）育苗

扦插育苗通常在 2—4 月进行。采集当年生 5 个月以上的枝条，选取中部以上的主茎侧枝，剪成 5 ～ 10 cm 长的小段（含 1 ～ 2 个节）作为插穗，斜插入土中。扦插苗一般 25 ～ 30 天即可移栽。

（4）移栽

可选用扦插苗移栽，也可直接采用大田直插法。扦插苗选择阴天或晴天傍晚进行移栽，栽种前一晚浇透水，起苗时应多带宿土，以减轻根部伤害，按密度为 40 cm×40 cm 或 40 cm×50 cm 的株行距在整好的畦上挖穴（采用双行或三行挖穴），种植穴半径、深分别为 15 cm、20 cm。每穴栽苗 1 株，将苗根部下端悬空于穴中，再填土覆盖，填土高度为种苗根部以上 1 ～ 2 cm。大田直插法枝条选取方式与扦插育苗类似，其株行距为 50 cm×50 cm，每穴 1 株，将插穗斜插于土中，插扦深度为插穗的 3/5 左右，然后覆土、浇水、遮阴（覆盖草、秸秆等）。

（5）田间管理

①补苗。一旦发现缺株或死苗，应在 30 天内补栽同龄苗，以保苗齐。

②水。干旱季节可在 16：00 后放水浸沟。高温多雨季节要及时排除积水。

③肥。整个生长期一般需施肥 3 ～ 5 次。首次追肥在种苗移栽生根成活后进行，充分腐熟的人畜粪尿与水按 1：10 ～ 1：20 的比例混合后施用。后期每隔 40 ～ 60 天追肥 1 次，每亩施人畜粪水 1500 ～ 2000 kg 或尿素 15 kg。

④培土除草。定植 30 天后将遮阴物移除，进行第 1 次中耕除草，后续每隔 20 天左右进行 1 次。植株封行后适当减少中耕除草的次数。于广藿香生长旺盛期（立秋后）进行大培土 1 次。

⑤防霜冻。气温低于 17 ℃时广藿香生长缓慢，温度低于 –2 ℃或霜冻出现时需盖塑料薄膜或搭棚防霜防冻。

（6）病虫害防治

病害主要有细菌性角斑病、斑枯病等。细菌性角斑病防治要加强田间管理，注意排水和通风透光，发病初期可喷施波尔多液。斑枯病染病时（常为 6—9 月）可喷施 25% 多菌灵可湿性粉剂 500 ～ 1000 倍液或 65% 代森锌可湿性粉剂 500 倍液进行防治，每 5 ～ 7 天喷 1 次，连喷 2 ～ 3 次。

虫害主要有蚜虫、红蜘蛛、卷叶螟、地下害虫等。蚜虫可喷施 80% 敌敌畏乳油 1000 ～ 1200 倍液进行防治，红蜘蛛可喷施 40% 乐果乳油 1500 倍液进行防治，卷叶螟可喷施敌百虫 300 ～ 400 倍液进行防治，地下害虫则用敌百虫做成毒饵诱杀。

5. 采收质量管理规范

（1）采收时间

枝叶旺盛生长期进行采收，一般于当年 11—12 月入冬前进行，或翌年 4—5 月、7—8 月进行。

（2）采收方法

晴天露水消失后，拔起或挖起全株，抖去根上的泥土，晒干。

6. 质量要求及分析方法

【性状】本品茎略呈方柱形，多分枝，枝条稍曲折，长 30 ～ 60 cm，直径 0.2 ～ 0.7 cm；表面被柔毛；质脆，易折断，断面中部有髓；老茎类圆柱形，直径 1.0 ～ 1.2 cm，被灰褐色栓皮。叶对生，皱缩成团，展平后叶片呈卵形或椭圆形，长 4 ～ 9 cm，宽 3 ～ 7 cm；两面均被灰白色茸毛；先端短尖或钝圆，基部楔形或钝圆，边缘具大小不规则的钝齿；叶柄细，长 2 ～ 5 cm，被柔毛。气香特异，味微苦。

【鉴别】

①叶片粉末淡棕色。叶表皮细胞呈不规则形，气孔直轴式。非腺毛 1 ～ 6 列细胞，平直或先端弯曲，长约至 590 μm，壁具疣状突起，有的胞腔含黄棕色物。腺鳞头部 8 细胞，直径 37 ～ 70 μm；柄单细胞，极短。间隙腺毛存在于叶肉组织的细胞间隙中，头部单细胞，呈不规则囊状，直径 13 ～ 50 μm，长约至 113 μm；柄短，单细胞。小腺毛头部 2 列细胞；柄 1 ～ 3 列细胞，甚短。草酸钙针晶细小，散于叶肉细胞中，长约至 27 μm。

②取本品粗粉适量，照挥发油测定法（通则 2204）测定，分取挥发油 0.5 mL，加乙酸乙酯稀释至 5 mL，作为供试品溶液。另取百秋李醇对照品，加乙酸乙酯制成每 1 mL 含 2 mg 的溶液，作为对照品溶液。照薄层色谱法（通则 0502）试验，吸取上述 2 种溶液各 1 ～ 2 μL，分别点于同一硅胶 G 薄层板上，以石油醚（30 ～ 60 ℃）-乙酸乙酯 - 冰醋酸（95：5：0.2）为展开剂，展开，取出，晾干，喷以 5% 三氯化铁乙醇溶液。供试品色谱中显一黄色斑点；加热至斑点显色清晰，供试品色谱中，在与对照品色谱相应的位置上，显相同的紫蓝色斑点。

【**检查**】杂质不得过 2%（通则 2301），水分不得过 14.0%（通则 0832 第四法），总灰分不得过 11.0%（通则 2302），酸不溶性灰分不得过 4.0%（通则 2302），叶不得少于 20%。

【**浸出物**】照醇溶性浸出物测定法（通则 2201）项下的冷浸法测定，用乙醇作溶剂，不得少于 2.5%。

【**含量测定**】照气相色谱法（通则 0521）测定。

色谱条件与系统适用性试验：HP–5 毛细管柱（交联 5% 苯基甲基聚硅氧烷为固定相）（柱长为 30 m，内径为 0.32 mm，膜厚度为 0.25 μm）；程序升温：初始温度 150 ℃，保持 23 分钟，以每分钟 8 ℃ 的速率升温至 230 ℃，保持 2 分钟；进样口温度为 280 ℃，检测器温度为 280 ℃；分流比为 10∶1。理论板数按百秋李醇峰计算应不低于 50000。

校正因子测定：取正十八烷适量，精密称定，加正己烷制成每 1 mL 含 15 mg 的溶液，作为内标溶液。取百秋李醇对照品 30 mg，精密称定，置 10 mL 量瓶中，精密加入内标溶液 1 mL，用正己烷稀释至刻度，摇匀，取 1 μL 注入气相色谱仪，计算校正因子。

测定法：取本品粗粉约 3 g，精密称定，置锥形瓶中，加三氯甲烷 50 mL，超声处理 3 次，每次 20 分钟，滤过，合并滤液，回收溶剂至干，残渣加正己烷使溶解，转移至 5 mL 量瓶中，精密加入内标溶液 0.5 mL，加正己烷至刻度，摇匀，吸取 1 μL，注入气相色谱仪，测定，即得。

本品按干燥品计算，含百秋李醇（$C_{15}H_{26}O$）不得少于 0.10%。

桄榔

【拉丁学名】*Arenga westerhoutii* Griff.。

【科属】棕榈科（Arecaceae）桄榔属（*Arenga*）。

1. 形态特征

乔木。植株高可达 12 m。树干有疏离的环状叶痕。羽状复叶，长 6.0～8.5 m，叶柄基部有黑色纤维状的鞘，具极多数小叶，每侧可达 100 枚以上，线形，长达 1.0～1.5 m，先端分裂，基部有 2 耳。肉穗花序腋生，花梗粗壮下弯，分枝极多，长达 1 m 左右，花单性，雌雄同株，但生于不同的肉穗花序上；雄花成对，长 1.2 cm，萼片圆形，雄蕊多数，花丝短，花药顶端有短突起；雌花花瓣三角形，萼片扩大，退化雄蕊多数或缺失。果实球形或扁球形。具种子 2～3 粒。花期 4 月，果期 11 月。

2. 分布

桄榔在国外分布于中南半岛及东南亚一带，在中国分布于海南、广西及云南西部至东南部。多生于密林中，也有栽培。

3. 功能与主治

桄榔具有祛瘀破积、止痛的功效，主治产后血瘀腹痛、心腹冷痛等症。

4. 种植质量管理规范

（1）种植地选择

选择在肥沃湿润、植被完好的石山地区种植，不宜选用耕地、干旱的山地种植。

（2）整地

种植前 2～3 月，按 2 m×2 m 的规格定点，每点垦土 1 m²，挖 0.5 m×0.5 m× 0.5 m 的种植坑，然后把表土及杂草回坑沤腐。

（3）播种育苗

采收成熟果实，将果实堆沤数日，待果皮腐烂后置水中搅拌，洗净种子，置湿沙床中或地沟上催芽。2—3 月气温稳定回升后进行播种，盖膜保温保湿，温度超过

35 ℃时揭膜降温。

（4）定植

苗圃培育 2 年后进行移栽，选择冬春季阴雨天种植，按挖好的种植穴进行移栽，移栽后浇足定根水，树盘盖草。

（5）田间管理

①水。育苗期需保持土壤湿润，移栽后浇足定根水，后期结合施肥进行浇水。

②肥。整地时放足有机肥料或沤热的磷肥作基肥；第 1 年幼苗每月追肥 1 ～ 2 次，以速效氮肥为主；第 2 年后除移苗时施足基肥外，每年追肥 10 次。

5. 采收质量管理规范

（1）采收时间

采集种子的最佳时间是果实未落地、果皮为青黄色的时候。选择成年植株（一般为 10 ～ 15 年）采集髓心。

（2）采收方法

将整个花序从基部砍断，带回后取下种子。从茎基部将整个植株伐倒，剥除叶鞘叶柄，砍去树尾，将树干分为两半，将髓心挖出后加工成片或加水磨成浆，倒入布袋中挤出淀粉液，待淀粉块沉淀结块后散碎晒干，干后即成桄榔粉。

桂花

【拉丁学名】*Osmanthus fragrans*（Thunb.）Lour.。

【科属】木樨科（Oleaceae）木樨属（*Olea*）。

1. 形态特征

常绿乔木或灌木。植株高 3～5 m，最高可达 18 m。树皮灰褐色；小枝黄褐色，无毛。叶片革质，椭圆形、长椭圆形或椭圆状披针形，长 7.0～14.5 cm，宽 2.6～4.5 cm，先端渐尖，基部渐狭呈楔形或宽楔形，全缘或通常上半部具细锯齿，两面无毛，腺点在两面连成小水泡状凸起，中脉在腹面凹入，背面凸起，侧脉 6～8 对，多达 10 对，在腹面凹入，背面凸起；叶柄长 0.8～1.2 cm，最长可达 15 cm，无毛。聚伞花序簇生于叶腋，或近于扫帚状，每腋内有花多朵；苞片宽卵形，质厚，长 2～4 mm，具小尖头，无毛；花梗细弱，长 4～10 mm，无毛；花极芳香；花萼长约 1 mm，裂片稍不整齐；花冠黄白色、淡黄色、黄色或橘红色，长 3～4 mm，花冠管仅长 0.5～1.0 mm；雄蕊着生于花冠管中部，花丝极短，长约 0.5 mm，花药长约 1 mm，药隔在花药先端稍延伸呈不明显的小尖头；雌蕊长约 1.5 mm，花柱长约 0.5 mm。果歪斜，椭圆形，长 1.0～1.5 cm，呈紫黑色。染色体 2n=46。花期 9—10 月上旬，果期翌年 3 月。

2. 分布

桂花原产于中国西南部喜马拉雅山东段，印度、尼泊尔、柬埔寨也有分布。现在中国四川、陕西南部、云南、广西、广东、湖南、湖北、江西、安徽等地均有野生桂花生长，集中分布和栽培于岭南以北至秦岭、淮河以南的广大热带和北亚热带地区，大致相当于北纬 24°～33°。桂花喜温暖湿润的气候，耐高温而不耐寒，为亚热带树种。

3. 功能与主治

桂花具有化痰、散瘀的功效，主治痰饮喘咳、肠风血痢、疝瘕、牙痛、口臭等症。

4. 种植质量管理规范

（1）种植地选择

选择光照充足、土层深厚、透气性强、灌溉排水方便的微酸性沙壤土种植。

（2）整地

栽种前翻耕或旋耕，不适宜翻耕或旋耕的地块可用挖穴法进行局部整地。

（3）播种育苗

采收种子后搓去外种皮，于湿沙中贮藏至冬季、翌年春季播种，或直接播种。直接播种时要注意浇水、盖膜保温保湿。

（4）移栽

移栽时间以 1 月中旬至 2 月上旬为宜，忌夏季移栽。移栽植前 1 年秋冬季节将圃地全面翻土，移栽株行距为 1.5 m×1.0 m，移植 2 年后，每隔一株移走一株，将株行距增加至 1.5 m×2.0 m，栽植穴尺寸为 0.4 m×0.4 m×0.4 m。每一栽植穴施腐熟的农家肥 2 ～ 3 kg、磷肥 0.5 kg 作基肥，然后将基肥与表层土拌匀后填入栽植穴。

（5）田间管理

①水。移栽后，出现大雨应及时挖沟排水；遇干旱，则需浇水抗旱。

②肥。一般每年需追肥 3 次，即 3 月下旬施用速效氮肥 0.1 ～ 0.3 kg/ 株促进发梢萌发，7 月施用速效磷钾肥 0.1 ～ 0.3 kg/ 株提高其抗旱能力，10 月施用腐熟农家肥 2 ～ 3 kg/ 株提高其抗寒能力。

③中耕除草。每年春季和秋季，配合施肥分别中耕 1 次。每年除草 2 ～ 3 次。

④整形修剪。桂花萌芽能力强，有自然形成灌木丛的特性。春秋季节依据树势、枝势生长情况进行修剪，剪出弱、伤、病、畸、多余枝，保存活，促生长。对密度较大的外围枝权进行适当疏除，并剪掉徒长枝及病虫害枝，以改善植株通风透光和安全性。

（6）病虫害防治

常见病害主要有褐斑病、枯斑病和炭疽病、煤污病等，常见虫害有叶螨、瘿螨类和蜡蚧、盾蚧类。可通过人工操作、园林管理、物理防治、生物防治和化学防治等技术手段，以实现全面防治桂花病虫害的目的。

5. 采收质量管理规范

（1）采收时间

9—10 月开花时节选择晴天 5：00—9：00 采收。

（2）采收方法

可将带花枝条剪下再收集花心，也可在桂花树下放一张网或薄膜，摇晃桂花树，使桂花掉落在网上或薄膜上。

（3）保存方法

用筛子过滤掉杂质和细小花瓣，把选出的花朵清洗干净放到通风处晾干，放到烤箱中烘干，待其冷却到室温后密闭贮藏。

何首乌

【拉丁学名】*Fallopia multiflorus*（Thunb.）Haraldson。

【科属】蓼科（Polygonaceae）何首乌属（*Fallopia*）。

1. 形态特征

多年生草本。块根肥厚，长椭圆形，黑褐色。茎缠绕，长 2～4 m，多分枝，具纵棱，无毛，微粗糙，下部木质化。叶卵形或长卵形，长 3～7 cm，宽 2～5 cm，顶端渐尖，基部心形或近心形，两面粗糙，边缘全缘；叶柄长 1.5～3.0 cm；托叶鞘膜质，偏斜，无毛，长 3～5 mm。花序圆锥状，顶生或腋生，长 10～20 cm，分枝开展，具细纵棱，沿棱密被小突起；苞片三角状卵形，具小突起，顶端尖，每苞内具花 2～4 朵；花梗细弱，长 2～3 mm，下部具关节，果时延长；花被 5 深裂，白色或淡绿色，花被片椭圆形，大小不相等，外面 3 片较大，背部具翅，果时增大，花被果时外形近圆形，直径 6～7 mm；雄蕊 8 枚，花丝下部较宽；花柱 3 条，极短。瘦果卵形，具 3 棱，长 2.5～3.0 mm，黑褐色，有光泽，包于宿存花被内。花期 8—9 月，果期 9—10 月。

2. 分布

何首乌在中国分布于华东、华中、华南以及陕西南部、甘肃南部、四川、云南和贵州。常生于山谷灌丛、山坡林下、沟边石隙处，海拔 200～3000 m。

3. 功能与主治

何首乌具有解毒、消痈、截疟、润肠通便的功效，主治疮痈、瘰疬、风疹瘙痒、久疟体虚、肠燥便秘等症。

4. 种植质量管理规范

（1）种植地选择

宜选择土层深厚、土质疏松肥沃、排灌方便的沙质地块种植。

（2）整地

先将种植地深翻后暴晒 15～20 天，用树枝或秸秆等堆在垡子上，放火烧 1 次，减少杂草和病虫害，同时提高土壤肥力。然后进行整地，结合施基肥，施用优质的农家肥 10 kg/m²，施后翻挖 1 次，清除杂草根，整细抓平。

（3）育苗

育苗方式主要有播种育苗和扦插育苗 2 种。惊蛰时节播种，采用撒播的方式。种子撒播后将经过搅拌的细土和草木灰在已经撒过种子的土壤表面进行铺撒，厚度为 1～2 cm，播种量为 4～6 g/m²。扦插育苗则是选取生长状态良好的何首乌茎藤，将其修剪成长 25 cm 的插条，斜插入土壤中，扦插深度在 20 cm 左右，并压实覆土。

（4）栽植

3—6 月或 9—10 月，选择雨后晴天或阴天起苗移栽。田间栽培行宽 1.2 m 左右，以南北行为好。沿行起垄，垄高 20～30 cm，在垄背上栽植何首乌，株距 30～40 cm。移栽好后及时浇足定根水。

（5）田间管理

①水。播种后浇水一定要用喷壶喷浇多次，不能用水直接冲灌猛浇。此后，晴天时每天 10：00 以前或 17：00 以后轻浇水 1 次。20～25 天出苗后，每隔 2～3 天浇水 1 次。定植成活后可减少浇水次数。高温多雨季节注意及时排除积水。

②除草和施肥。何首乌定植后每年结合除草追肥 2～3 次。5—6 月开花前施饼肥 750 kg/hm²，10—11 月以施磷钾肥为主，施过磷酸钙 300 kg/hm²、氯化钾 300 kg/hm²。

③搭架、剪蔓、打顶。栽植苗茎蔓生长到 30 cm 时要用树枝、竹竿或竹片等搭架，缚蔓。一般在两株何首乌间插入一根树枝、竹竿或竹片，长 2 m。根部砍尖插入土中。顶部 1/3 处用铁丝捆住。3 根竹竿连接搭架，呈锥形架，一般每株只留 1～2 条藤，多余的剪除，到 1 m 以上才保留分枝。茎长到 2.5 m 时可适当打顶，大田生长每年剪 5 次，同时抹去地上 30 cm 以下的叶片。

④摘花。除留种株外，于 5—6 月间摘除花蕾。

⑤培土。入冬前培土，促进块根生长。

（6）病虫害防治

病害主要有褐斑病、根腐病、锈病等。褐斑病可用 70% 甲基硫化物进行防治。根腐病用 50% 多菌灵可湿性粉剂 1000 倍液灌根部进行防治。锈病通常发生在 3—8 月，发生病害时采用 25% 水杨酸进行治理。

虫害主要有蚜虫、地老虎、蛴螬。蚜虫可喷施 40% 乐果乳油 1500～2000 倍液

（加少量洗衣粉）进行防治，地老虎、蛴螬可人工捕杀或用75%辛硫磷制成毒饵诱杀。

5. 采收质量管理规范

（1）采收时间

栽植3～4年即可采收，扦插的第4年产量较高。于秋季落叶后或早春萌发前采挖。

（2）采收方法

块根于秋季割去藤茎后采挖，将块根去净须根，洗净泥土。

（3）保存方法

大的切成2 cm左右的厚片，小的不切，晒干或烘干保存即可。

6. 质量要求及分析方法

【性状】本品呈团块状或不规则纺锤形，长6～15 cm，直径4～12 cm。表面红棕色或红褐色，皱缩不平，有浅沟，并有横长皮孔样突起和细根痕。体重，质坚实，不易折断，断面浅黄棕色或浅红棕色，显粉性，皮部有4～11个类圆形异型维管束环列，形成云锦状花纹，中央木部较大，有的呈木心。气微，味微苦而甘涩。

【鉴别】

①本品横切面：木栓层为数列细胞，充满棕色物。韧皮部较宽，散有类圆形异型维管束4～11个，为外韧型，导管稀少。根的中央形成层成环；木质部导管较少，周围有管胞和少数木纤维。薄壁细胞含草酸钙簇晶和淀粉粒。

粉末黄棕色。淀粉粒单粒类圆形，直径4～50 μm，脐点"人"字形、星状或三叉状，大粒者隐约可见层纹；复粒由2～9分粒组成。草酸钙簇晶直径10～80（160）μm，偶见簇晶与较大的方形结晶合生。棕色细胞类圆形或椭圆形，壁稍厚，胞腔内充满淡黄棕色、棕色或红棕色物质，并含淀粉粒。具缘纹孔导管直径17～178 μm。棕色块散在，形状、大小及颜色深浅不一。

②取本品粉末0.25 g，加乙醇50 mL，加热回流1小时，滤过，滤液浓缩至3 mL，作为供试品溶液。另取何首乌对照药材0.25 g，同法制成对照药材溶液。照薄层色谱法（通则0502）试验，吸取上述2种溶液各2 μL，分别点于同一以羧甲基纤维素钠为黏合剂的硅胶H薄层板上使成条状，以三氯甲烷－甲醇（7∶3）为展开剂，展至约3.5 cm，取出，晾干，再以三氯甲烷－甲醇（20∶1）为展开剂，展至约7 cm，取出，晾干，置紫外光灯（365 nm）下检视。供试品色谱中，在与对照药材色谱相应的位置上，显相同颜色的荧光斑点。

【检查】水分不得过 10.0%（通则 0832 第二法），总灰分不得过 5.0%（通则 2302）。

【含量测定】

①二苯乙烯苷：避光操作。照高效液相色谱法（通则 0512）测定。

色谱条件与系统适用性试验：以十八烷基硅烷键合硅胶为填充剂；以乙腈 – 水（25：75）为流动相；检测波长为 320 nm。理论板数按 2, 3, 5, 4′ – 四羟基二苯乙烯 –2–O–β–D– 葡萄糖苷峰计算应不低于 2000。

对照品溶液的制备：取 2, 3, 5, 4′ – 四羟基二苯乙烯 –2–O–β –D– 葡萄糖苷对照品适量，精密称定，加稀乙醇制成每 1 mL 含 0.2 mg 的溶液，即得。

供试品溶液的制备：取本品粉末（过四号筛）约 0.2 g，精密称定，置具塞锥形瓶中，精密加入稀乙醇 25 mL，称定重量，加热回流 30 分钟，放冷，再称定重量，用稀乙醇补足减失的重量，摇匀，静置，上清液滤过，取续滤液，即得。

测定法：分别精密吸取对照品溶液与供试品溶液各 10 μL，注入液相色谱仪，测定，即得。

本品按干燥品计算，含 2,3,5,4′ – 四羟基二苯乙烯 –2–O–β –D– 葡萄糖苷（$C_{20}H_{22}O_9$）不得少于 1.0%。

②结合蒽醌：照高效液相色谱法（通则 0512）测定。

色谱条件与系统适用性试验：以十八烷基硅烷键合硅胶为填充剂；以甲醇 –0.1% 磷酸溶液（80：20）为流动相；检测波长为 254 nm。理论板数按大黄素峰计算应不低于 3000。

对照品溶液的制备：取大黄素对照品、大黄素甲醚对照品适量，精密称定，加甲醇分别制成每 1 mL 含大黄素 80 μg、大黄素甲醚 40 μg 的溶液，即得。

供试品溶液的制备：取本品粉末（过四号筛）约 1 g，精密称定，置具塞锥形瓶中，精密加入甲醇 50 mL，称定重量，加热回流 1 小时，取出，放冷，再称定重量，用甲醇补足减失的重量，摇匀，滤过，取续滤液 5 mL 作为供试品溶液 A（测游离蒽醌用）。另精密量取续滤液 25 mL，置具塞锥形瓶中，水浴蒸干，精密加 8% 盐酸溶液 20 mL，超声处理（功率 100 W，频率 40 kHz）5 分钟，加三氯甲烷 20 mL，水浴中加热回流 1 小时，取出，立即冷却，置分液漏斗中，用少量三氯甲烷洗涤容器，洗液并入分液漏斗中，分取三氯甲烷液，酸液再用三氯甲烷振摇提取 3 次，每次 15 mL，合并三氯甲烷液，回收溶剂至干，残渣加甲醇使溶解，转移至 10 mL 量瓶中，加甲醇至刻度，摇匀，滤过，取续滤液，作为供试品溶液 B（测总蒽醌用）。

测定法：分别精密吸取对照品溶液与上述两种供试品溶液各 10 μL，注入液相色谱仪，测定，即得。

结合蒽醌含量 = 总蒽醌含量 – 游离蒽醌含量。

本品按干燥品计算，含结合蒽醌以大黄素（$C_{15}H_{10}O_5$）和大黄素甲醚（$C_{16}H_{12}O_5$）的总量计，不得少于 0.10%。

黑老虎

【拉丁学名】*Kadsura coccinea*（Lem.）A. C. Sm.。

【科属】五味子科（Schisandraceae）冷饭藤属（*Kadsura*）。

1. 形态特征

常绿木质藤本。全株无毛。叶革质，长圆形至卵状披针形，长 7 ～ 18 cm，宽 3 ～ 8 cm，先端钝或短渐尖，基部宽楔形或近圆形，全缘，侧脉每边 6 ～ 7 条，网脉不明显；叶柄长 1.0 ～ 2.5 cm。花单生于叶腋，稀成对，雌雄异株。雄花：花被片红色，10 ～ 16 片，中轮最大 1 片椭圆形，长 2.0 ～ 2.5 cm，宽约 14 mm，最内轮 3 片明显增厚，肉质；花托长圆锥形，长 7 ～ 10 mm，顶端具 1 ～ 20 条分枝的钻状附属体；雄蕊群椭圆体形或近球形，直径 6 ～ 7 mm，具雄蕊 14 ～ 48 枚；花丝顶端为两药室包围着；花梗长 1 ～ 4 cm。雌花：花被片与雄花相似，花柱短钻状，顶端无盾状柱头冠，心皮长圆体形，雌蕊 50 ～ 80 枚，花梗长 5 ～ 10 mm。聚合果近球形，红色或暗紫色，径 6 ～ 10 cm 或更大；小浆果倒卵形，长达 4 cm，外果皮革质，不显出种子。种子心形或卵状心形，长 1.0 ～ 1.5 cm，宽 0.8 ～ 1.0 cm。花期 4—7 月，果期 7—11 月。

2. 分布

黑老虎在国外分布于越南，在中国分布于江西、湖南、广东、香港、海南、广西、四川、贵州、云南。常生于海拔 1500 ～ 2000 m 的树林中。

3. 功能与主治

黑老虎具有行气止痛、祛风活络、散瘀消肿的功效，主治胃溃疡、十二指肠溃疡、慢性胃炎、急性胃肠炎、风湿性关节炎、跌打肿痛、痛经、产后瘀血腹痛等症。

4. 种植质量管理规范

（1）种植地选择

选择土层较厚、土质疏松、排灌良好、光照充足、交通便利、水源充足、生态环境良好、海拔为 300～1200 m、土壤 pH 值为 5.0～6.5 的红壤、山地黄壤和沙壤土的疏林地建园，以四周有防护林、背风向阳的南坡或东南坡疏林地为佳。

（2）整地

疏林地或灌木林地种植前需清理杂灌，保留杂木不超过 450 株/hm²。荒山荒地种植前需清理灌木、杂草和碎石。依据地形，按照 2.0 m×2.5 m 或 2.5 m×2.5 m 的株行距挖种植穴，种植穴规格为 60 cm×60 cm×50 cm，穴内施入有机肥料（如腐熟的农家肥等）10 kg 和磷肥 1 kg 作基肥。

（3）苗木准备

选取生长健壮、芽饱满、高 30 cm 以上、地径 0.4 cm 以上的 1 年生苗种植。种植前截短，截短后苗高以 25～30 cm 为宜，每株保留 1/3～1/2 的叶片。

（4）栽植

11—12 月或翌年 2—3 月定植。栽植时采用"三覆二踩一提"苗（一覆：挖树坑将表土放成一堆，将深层土另放成一堆，种植穴挖好后，先将基肥放在穴的最底部，再将表层土回填在肥料上面。二覆：把修剪过根系的苗放入坑中，保持根系舒展，把表层土继续填埋到树坑一半的高度。一提：这个时候把果树苗轻轻地往上提一下，防止树苗根系窝在一起不利于根系的生长。一踩：一提之后，把填埋一半的土进行踩实，让果树的根系与土壤密切接触。三覆：接着进行第三次覆土，即将挖坑剩下的深层土填入，一直填到与地面齐平。二踩：填完土之后，对土面进行第 2 次踩实。）的种植方法。种植苗木以根茎处刚好露出地面为宜。

（5）田间管理

①棚架搭建。种植中需随地形搭建平顶棚架。疏林地或灌木林地利用原有杂木作桩，宜林荒山荒地采用水泥桩或木桩，立桩间距以 4.0 m×5.0 m 为宜。架高 1.5～1.8 m，架面搭设选用铁丝、塑钢线等，拉成"井"字形网格，网格宽度以 0.6～0.8 m 为宜。

②水。黑老虎忌旱怕涝，干旱时需及时浇水保湿，尤其是盛花期前和果实膨大期对水分需求较大，注意保持土壤湿润。

③肥。栽植当年 5 月每株施水溶性硫酸钾型复合肥料 0.15 kg。第 2～4 年每年春季萌芽前每株施水溶性硫酸钾型复合肥料 0.25 kg，冬季休眠期于上坡位 50 cm 处挖深 20 cm 的环形沟，沟内施入有机肥料 0.5～2.0 kg/株和硫酸钾型复合肥料 0.25 kg/株。种植 5 年后，春季萌芽前每株施水溶性硫酸钾型复合肥料 0.5 kg；开花前叶面喷施 1～2 次 0.3%～0.5% 硼砂液，间隔 20 天施肥 1 次；7 月上中旬至 9 月中旬叶面喷施 3～5 次 0.3%～0.5% 磷酸二氢钾，间隔 15 天施肥 1 次；果实采收后

（11月）每株沟施有机肥料 2～3 kg 和硫酸钾型复合肥料 1.0 kg。

④树形培育。苗木萌芽后保留 1～2 个新梢，插杆缚引。待新梢距棚面近 60 cm 时进行打顶，使得每条新梢有 2～3 条主枝呈"V"或"Y"字形，然后在主枝上按照 40～50 cm 的间距每侧留 1 条侧枝，从而使树体均匀地分布于棚架面。

⑤整形修剪。冬季植株休眠时进行修剪，当年生壮实的营养枝保留 8～10 个芽后进行短截，当年的中、长结果枝在距离结果处 2～4 个芽处进行短截，结果 3 年以上的母枝在有饱满壮芽、壮枝处进行短截。

⑥人工辅助授粉。盛花期时（5月下旬至6月中旬）选择晴天 10：00—12：00 或 14：00—17：00，选取开放初期的雄花，去除花被片，倒置于雌蕊群上方抖动，一朵雄花可授 3～4 朵雌花。

⑦疏花疏果。每个结果枝保留 2～3 朵雌花，将其上部的花疏除。果实膨大后摘除畸形的幼果，以短果枝留果 1 个，中、长果枝留果 1～2 个为宜。

（6）病虫害防治

病害主要有炭疽病、锈病，虫害主要有蜂疣螨、短角异盲蝽等。病虫害应以预防为主，综合施治。

5.采收质量管理规范

（1）采收时间

根茎全年均可采收，9月下旬至11月上旬为最佳采收时间。果实随熟随采。

（2）采收方法

掘起根部，洗净泥沙，晒干。将藤茎切成小段或割取老藤茎，刮去栓皮，切段，晒干。果实采摘时要轻拿轻放，防止破损，以保障商品质量。

胡颓子

【拉丁学名】*Elaeagnus pungens* Thunb.。

【科属】胡颓子科（Elaeagnaceae）胡颓子属（*Elaeagnus*）。

1. 形态特征

常绿直立灌木。植株高 3～4 m。具刺，刺顶生或腋生，长 20～40 mm，有时较短，深褐色；幼枝微扁棱形，密被锈色鳞片，老枝鳞片脱落，黑色，具光泽。叶革质，椭圆形或阔椭圆形，稀矩圆形，长 5～10 cm，宽 1.8～5.0 cm，两端钝形或基部圆形，边缘微反卷或皱波状，腹面幼时具银白色和少数褐色鳞片，成熟后脱落，具光泽，干燥后褐绿色或褐色，背面密被银白色和少数褐色鳞片，侧脉 7～9 对，与中脉开展成 50°～60° 的角，近边缘分叉而互相连接，腹面显著凸起，背面不甚明显，网状脉在腹面明显，背面不清晰；叶柄深褐色，长 5～8 mm。花白色或淡白色，下垂，密被鳞片，1～3 朵花生于叶腋锈色短小枝上；花梗长 3～5 mm；萼筒圆筒形或漏斗状圆筒形，长 5～7 mm，在子房上骤收缩，裂片三角形或矩圆状三角形，长 3 mm，顶端渐尖，内面疏生白色星状短柔毛；雄蕊的花丝极短，花药矩圆形，长 1.5 mm；花柱直立，无毛，上端微弯曲，超过雄蕊。果实椭圆形，长 12～14 mm，幼时被褐色鳞片，成熟时红色，果核内面具白色丝状棉毛；果梗长 4～6 mm。花期 9—12 月，果期翌年 4—6 月。

2. 分布

胡颓子在国外分布于日本，在中国分布于江苏、浙江、福建、安徽、江西、湖北、湖南、贵州、广东、广西。常生于海拔 1000 m 以下的向阳山坡或路旁。

3. 功能与主治

胡颓子具有止咳平喘、止血、解毒的功效，主治咳喘、咳血、吐血、外伤出血、痈疽发背、痔疮肿痛、蛇虫咬伤等症。

4. 种植质量管理规范

（1）种植地选择

选择土层深厚、土质疏松、排灌方便、背风向阳的地块种植。

（2）整地

翻耕整地，按株行距为 1.0 m×1.5 m 挖定植穴，定植穴规格为直径 0.5～0.8 m、深 0.4～0.7 m，表土与底层土分开堆放，覆表土至 20 cm 后放入有机肥料 50 kg、过磷酸钙 500 g，并与土拌匀。

（3）栽植

2—3 月带土球移植，定植后固好树盘，浇足定根水。

（4）田间管理

①水。栽植时浇足定根水，之后保持土壤湿润，注意雨季防涝。

②肥。施肥以农家肥和生物有机肥为主，速效肥为辅，每年施氮肥 3000 kg/hm²、磷肥 3000 kg/hm²、钾肥 2250 kg/hm²。幼苗施肥关键是抓好芽前肥和壮梢肥（以氮肥为主），结果树施肥重点是谢花肥和冬肥（以磷钾肥为主）。

③除草。栽植当年适时中耕除草和追施，后期每年中耕除草 1～2 次。于 6—9 月间将种植地的杂草、灌木、荆棘、藤蔓等割除 1～2 次。将割下的杂草覆盖圃地，冬季将覆盖物耕入土中，增加土壤肥力。

④整形修剪。在茎干高 35 cm 左右时进行定干，侧芽萌发后培养 3～4 根主枝，缩剪过长枝和外围枝，疏除细弱密枝。成林后可按丛枝树形管理。

（5）病虫害防治

病害主要有锈病、叶斑病。锈病可喷洒 75% 多菌灵可湿性粉剂 100 倍液进行防治，叶斑病发病时采用 80% 代森锰锌 400～600 倍液进行防治。

虫害主要有蚜虫等。蚜虫防治主要是清除附近杂草，冬季在寄主植物上喷 5 波美度石硫合剂消灭越冬虫卵，或喷施 2.5% 鱼藤精 1000～1500 倍液，1 周后复喷 1 次。

5. 采收质量管理规范

（1）采收时间

4—5 月果实成熟时采收。

（2）采收方法

在果实变成红色时人工摘下，需防止果实被压烂腐坏。

（3）保存方法

果实摘下后可直接食用，也可上市销售或晒干保存。

虎杖

【拉丁学名】*Reynoutria japonica* Houtt.。

【科属】蓼科（Polygonaceae）虎杖属（*Reynoutria*）。

1. 形态特征

多年生草本。根状茎粗壮，横走；茎直立，高 1～2 m，粗壮，空心，具明显的纵棱，具小突起，无毛，散生红色或紫红色斑点。叶宽卵形或卵状椭圆形，长5～12 cm，宽 4～9 cm，近革质，顶端渐尖，基部宽楔形、截形或近圆形，边缘全缘，疏生小突起，两面无毛，沿叶脉具小突起；叶柄长 1～2 cm，具小突起；托叶鞘膜质，偏斜，长 3～5 mm，褐色，具纵脉，无毛，顶端截形，无缘毛，常破裂，早落。花单性，雌雄异株，花序圆锥状，长 3～8 cm，腋生；苞片漏斗状，长1.5～2.0 mm，顶端渐尖，无缘毛，每苞内具花 2～4 朵；花梗长 2～4 mm，中下部具关节；花被 5 深裂，淡绿色，雄花花被片具绿色中脉，无翅，雄蕊 8 枚，比花被长；雌花花被片外面 3 片背部具翅，果时增大，翅扩展下延，花柱 3 枚，柱头流苏状。瘦果卵形，具 3 棱，长 4～5 mm，黑褐色，有光泽，包于宿存花被内。花期 8—9 月，果期 9—10 月。

2. 分布

虎杖在中国分布于陕西南部、甘肃南部、华东、华中、华南、四川、云南及贵州。常生于山坡灌丛、山谷、路旁、田边湿地，海拔 140～2000 m。

3. 功能与主治

虎杖具有利湿退黄、清热解毒、散瘀止痛、止咳化痰的功效，主治湿热黄疸、淋浊、带下、风湿痹痛、痈肿疮毒、水火烫伤、经闭、癥瘕、跌打损伤、肺热咳嗽等症。

4. 种植质量管理规范

（1）种植地选择

林地选择阴坡中下部、林间郁闭度为 30% ～ 50%、土层深厚、土质疏松的缓坡地种植，农田选择排灌方便、土质疏松、肥沃的地块种植。

（2）整地

于秋冬季节对林地内的灌木、杂草等杂物进行全面清理，种植穴按 40 cm×30 cm×30 cm 的规格挖好。农田栽前 1 个月翻耕晒土，耙细，整平做畦，畦宽1 ～ 1.5 m，长度因地制宜。

（3）栽植

一年四季均可栽植，以春季为佳。田间种植适宜株行距为 40 cm×50 cm 或40 cm×40 cm，林地种植适宜株行距为 0.5 m×1.0 m 或 1.0 m×1.0 m。栽植前对种根进行分级，栽植要做到苗正、根舒，苗入穴后回填表土，上面覆土厚 3 ～ 5 cm，覆平后整个穴面高出地面 5 ～ 10 cm。

（4）田间管理

①土壤。秋季落叶枯萎后对林地中种植的苗木进行扩穴，沿植株根系生长点外围开始，每年向外扩展 30 ～ 40 cm。扩穴回填时可混入腐熟的农家肥或复合肥料等。

②水。选择早上和傍晚，在苗木生长的关键时期（定植期、嫩芽萌发期、幼苗生长期）、根系附近土壤开始发白以及干旱时浇水。多雨季节要及时排除积水。

③肥。栽植后结合整地深翻，每亩施入腐熟有机肥料 1000 ～ 2000 kg 作为基肥；生长季结合中耕锄草和扩穴追施速效肥 2 ～ 3 次，肥料种类以无机矿物质肥料为主，并可适量配施生物菌肥和微量元素肥，追肥量以 2 ～ 5 g/m² 为宜。追肥时期以4 月、6 月和 9 月上旬较为适宜，以采收茎叶为主的田间栽培，在每次采割后追施速效肥 1 次。林地栽培宜采用放射状沟施，田间栽培则宜采用沟施。

④除草。生长季节以人工除草为主，尽量不使用除草剂。在新造林地栽植的虎杖，可结合幼林抚育进行锄草（通常一年中耕 1 ～ 2 次）。

（5）病虫害防治

虎杖病害较少，虫害主要有金龟子、叶甲、蛾类、蛀干害虫、蚜虫和白蚁等。金龟子、叶甲成虫用氧化乐果 2000 倍液喷雾进行防治，蛾类害虫可利用赤眼蜂等天敌进行防治，蛀干害虫可用沾上 1000 倍氧乐果药液的棉花堵住洞口的方法进行防治，蚜虫使用下雨的间隙抢施稀释 800 ～ 1200 倍 80% 敌敌畏乳油的方法进行防治，白蚁可用呋喃丹撒施土壤或用"灭蚁灵"药剂进行防治。

5. 采收质量管理规范

（1）采收时间

5 月上旬开始采收茎叶，间隔 2 个月采割 1 次，一年采割 3～4 次。每隔 2～3 年采挖 1 次根茎，秋冬季节采挖。

（2）采收方法

采收根茎的时候要深挖，避免对根茎造成损伤。挖出的根茎去除掉须根和泥土，直接烘干。

（3）保存方法

选用不易破损、干燥、清洁、无异味的包装材料密闭包装，包装要牢固、密封、防潮。置阴凉、干燥、通风、清洁、遮光处保存，温度在 30 ℃以下，相对湿度以 70%～75% 为宜。

6. 质量要求及分析方法

【性状】本品多为圆柱形短段或不规则厚片，长 1～7 cm，直径 0.5～2.5 cm。外皮棕褐色，有纵皱纹和须根痕，切面皮部较薄，木部宽广，棕黄色，射线放射状，皮部与木部较易分离。根茎髓中有隔或呈空洞状。质坚硬。气微，味微苦、涩。

【鉴别】

①本品粉末橙黄色。草酸钙簇晶极多，较大，直径 30～100 μm。石细胞淡黄色，类方形或类圆形，有的呈分枝状，分枝状石细胞常 2～3 个相连，直径 24～74 μm，有纹孔，胞腔内充满淀粉粒。木栓细胞多角形或不规则形，胞腔充满红棕色物。具缘纹孔导管直径 56～150 μm。

②取本品粉末 0.1 g，加甲醇 10 mL，超声处理 15 分钟，滤过，滤液蒸干，残渣加 2.5 mol/L 硫酸溶液 5 mL，水浴加热 30 分钟，放冷，用三氯甲烷振摇提取 2 次，每次 5 mL，合并三氯甲烷液，蒸干，残渣加三氯甲烷 1 mL 使溶解，作为供试品溶液。另取虎杖对照药材 0.1 g，同法制成对照药材溶液。再取大黄素对照品、大黄素甲醚对照品，加甲醇制成每 1 mL 各含 1 mg 的溶液，作为对照品溶液。照薄层色谱法（通则 0502）试验，吸取供试品溶液和对照药材溶液各 4 μL、对照品溶液各 1 μL，分别点于同一硅胶 G 薄层板上，以石油醚（30～60 ℃）- 甲酸乙酯 - 甲酸（15：5：1）的上层溶液为展开剂，展开，取出，晾干，置紫外光灯（365 nm）下检视。供试品色谱中，在与对照药材色谱和对照品色谱相应的位置上，显相同颜色的荧光斑点；置氨蒸气中熏后，斑点变为红色。

【检查】水分不得过 12.0%（通则 0832 第二法），总灰分不得过 5.0%（通则 2302），酸不溶性灰分不得过 1.0%（通则 2302）。

【浸出物】照醇溶性浸出物测定法（通则 2201）项下的冷浸法测定，用乙醇作为溶剂，不得少于 9.0%。

【含量测定】

①大黄素：照高效液相色谱法（通则 0512）测定。

色谱条件与系统适用性试验：以十八烷基硅烷键合硅胶为填充剂；以甲醇–0.1%磷酸溶液（80∶20）为流动相；检测波长为 254 nm。理论板数按大黄素峰计算应不低于 3000。

对照品溶液的制备：取经五氧化二磷为干燥剂减压干燥 24 小时的大黄素对照品适量，精密称定，加甲醇制成每 1 mL 含 48 μg 的溶液，即得。

供试品溶液的制备：取本品粉末（过三号筛）约 0.1 g，精密称定，精密加入三氯甲烷 25 mL 和 2.5 mol/L 硫酸溶液 20 mL，称定重量，置 80 ℃水浴中加热回流 2 小时，冷却至室温，再称定重量，用三氯甲烷补足减失的重量，摇匀。分取三氯甲烷液，精密量取 10 mL，蒸干，残渣加甲醇使溶解，转移至 10 mL 量瓶中，加甲醇稀释至刻度，摇匀，滤过，取续滤液，即得。

测定法：分别精密吸取对照品溶液与供试品溶液各 5 μL，注入液相色谱仪，测定，即得。

本品按干燥品计算，含大黄素（$C_{15}H_{10}O_5$）不得少于 0.60%。

②虎杖苷：避光操作。照高效液相色谱法（通则 0512）测定。

色谱条件与系统适用性试验：以十八烷基硅烷键合硅胶为填充剂；以乙腈–水（23∶77）为流动相；检测波长为 306 nm。理论板数按虎杖苷峰计算应不低于 3000。

对照品溶液的制备：取经五氧化二磷为干燥剂减压干燥 24 小时的虎杖苷对照品适量，精密称定，加稀乙醇制成每 1 mL 含 15 μg 的溶液，即得。

供试品溶液的制备：取本品粉末（过三号筛）约 0.1 g，精密称定，精密加入稀乙醇 25 mL，称定重量，加热回流 30 分钟，冷却至室温，再称定重量，用稀乙醇补足减失的重量，摇匀，取上清液，滤过，取续滤液，即得。

测定法：分别精密吸取对照品溶液与供试品溶液各 10 μL，注入液相色谱仪，测定，即得。

本品按干燥品计算，含虎杖苷（$C_{20}H_{22}O_8$）不得少于 0.15%。

金线兰

【拉丁学名】*Anoectochilus roxburghii*（Wall.）Lindl.。

【科属】兰科（Orchidaceae）开唇兰属（*Anoectochilus*）。

1. 形态特征

草本。植株高 8 ～ 18 cm。根状茎匍匐，伸长，肉质，具节，节上生根。茎直立，肉质，圆柱形，具（2 ～）3 ～ 4 枚叶。叶片卵圆形或卵形，长 1.3 ～ 3.5 cm，宽 0.8 ～ 3.0 cm，腹面暗紫色或黑紫色，具金红色带有绢丝光泽的美丽网脉，背面淡紫红色，先端近急尖或稍钝，基部近截形或圆形，骤狭成柄；叶柄长 4 ～ 10 mm，基部扩大成抱茎的鞘。总状花序具 2 ～ 6 朵花，长 3 ～ 5 cm；花序轴淡红色，和花序梗均被柔毛，花序梗具 2 ～ 3 枚鞘苞片；花苞片淡红色，卵状披针形或披针形，长 6 ～ 9 mm，宽 3 ～ 5 mm，先端长渐尖，长约为子房长的 2/3；子房长圆柱形，不扭转，被柔毛，连花梗长 1.0 ～ 1.3 cm；花白色或淡红色，不倒置（唇瓣位于上方）；萼片背面被柔毛，中萼片卵形，凹陷呈舟状，长约 6 mm，宽 2.5 ～ 3.0 mm，先端渐尖，与花瓣粘合呈兜状；侧萼片张开，偏斜的近长圆形或长圆状椭圆形，长 7 ～ 8 mm，宽 2.5 ～ 3.0 mm，先端稍尖；花瓣质地薄，近镰刀状，与中萼片等长；唇瓣长约 12 mm，呈 "Y" 字形，基部具圆锥状距，前部扩大并 2 裂，其裂片近长圆形或近楔状长圆形，长约 6 mm，宽 1.5 ～ 2.0 mm，全缘，先端钝，中部收狭成长 4 ～ 5 的爪，其两侧各具 6 ～ 8 条长 4 ～ 6 mm 的流苏状细裂条，距长 5 ～ 6 mm，上举指向唇瓣，末端 2 浅裂，内侧在靠近距口处具 2 枚肉质的胼胝体；蕊柱短，长约 2.5 mm，前面两侧各具 1 枚宽、片状的附属物；花药卵形，长 4 mm；蕊喙直立，叉状 2 裂；柱头 2 个，离生，位于蕊喙基部两侧。花期（8 ～）9 ～ 11（～ 12）月。

2. 分布

金线兰分布范围较广，在国外分布于日本、泰国、老挝、越南、印度（阿萨姆至西姆拉）、不丹至尼泊尔、孟加拉国，在中国分布于浙江、江西、福建、湖南、广东、海南、广西、四川、云南、西藏东南部（墨脱）。常生于海拔 50 ～ 1600 m 的常绿阔叶林下或沟谷阴湿处。

3. 功能与主治

金线兰具有清热凉血、除湿解毒的功效，主治肺结核咯血、糖尿病、肾炎、膀胱炎、重症肌无力、风湿性及类风湿性关节炎、毒蛇咬伤等症。

4. 种植质量管理规范

（1）种植地选择

选择交通便利、通气性良好、遮阴条件好、相对湿度大、土壤肥沃、水资源丰富、海拔为 200 ～ 1000 m 的阔叶林或竹林地种植。

（2）整地

彻底清除杂草杂物，选用泥炭、珍珠岩和蛭石（体积比为 2：1：1）作为栽培基质。种植前采用高温灭菌或化学试剂灭菌法对栽培基质进行消毒，然后在基质中拌入熟石灰将 pH 值调节为 5.4 ～ 5.6。

（3）搭棚

目前，人工栽培金线兰最有效的方式是搭棚种植。种植大棚长不超过 25 m，宽约 6 m，高约 3 m，大棚顶层先铺一层塑料膜，然后搭一层 75% 遮阳网，最上层搭一层能收放 50% 的遮阳网。此外，还需配置空调、抽风机等设备，以便调控棚内温度、通风等条件。在自然条件比较优越的地方，也可搭建简易的钢架大棚、插地棚、竹棚等，通风、遮阴和水源清洁是上述工作需要重点考虑的因素。

（4）育苗

采用组织培养的方式育苗。选取梗茎粗大、叶片宽且厚的健康梗茎作为外植体，清洗干净，在无菌操作台上晾干，把叶片切除至柄底，用 75% 酒精和 5% 次氯酸钠溶液消毒后用无菌水清洗 6 ～ 7 次，在无菌条件下将茎的每一个节眼切成单独的小段，插入诱导培养基中进行诱导。60 ～ 70 天后原球茎分裂为丛苗后再切成带 2 ～ 3 个芽的小块，利用增殖培养基进行增殖（继代培养），最后把继代培养苗转入生根培养基上诱导生根。培养过程中温度控制在（25±2）℃，每天光照时间为 10 ～ 12 小时，分生期光照强度为 300 ～ 800 lx，壮芽期所需的光照强度为 1200 ～ 1500 lx。

（5）炼苗

组培苗打开瓶盖在室内放置 8 ～ 10 天，然后洗干净附着在苗上的培养基，置于 400 倍的多菌灵溶液中浸泡 5 分钟或 0.5% 高锰酸钾溶液中浸泡 2 ～ 3 分钟。组培苗炼苗环境空气湿度和遮阴度均需在 90% 以上。

（6）移栽

株高达到 4 cm 以上、具有 2 ～ 4 条根、生长状况良好的可移栽至基质。移栽基质应保持湿润疏松，按照株行距 20 cm×20 cm 进行种植，一般为 500 ～ 600 株 /m²。移栽后及时遮阴，以 0.1% 植物根部营养液浇灌组培苗根部。忌阳光直射，需做遮阴处理（小苗遮阴 80% ～ 90%，成苗遮阴 70% ～ 80%）。遮阴棚高度以方便人工管理为宜。

（7）田间管理

①水。空气湿度以 75% ～ 95% 为宜。生产中还需注意排水通风，避免因基部过湿导致根部腐烂。

②肥。移栽一个月后，施一次兑水稀释的腐熟有机肥料（施肥后需淋一遍清水以冲去叶面的肥水），后期每个月可施肥 1 ～ 2 次。此外还需注意浅施不易挥发的肥料，深施易挥发的肥料。采收前 30 天左右停止施肥，防止化肥和微生物污染。

③中耕除草。生长期间要及时除草，减少病虫害的发生。

（8）病虫害防治

病害主要是夏季易发生猝倒症状，如发现有植株染病立即拔除，并喷洒杀菌药剂。

虫害主要有蜗牛、蚜虫及红蜘蛛等，可在栽培园地周围设置防虫网，并辅以人工捕杀。

5. 采收质量管理规范

（1）采收时间

栽培 120 ～ 180 天后，若株高达 10 cm 以上、具根 2 条以上、具叶 5 ～ 6 枚、叶面积达 6 ～ 9 cm²、叶背呈紫红色、叶面呈墨绿色且金黄脉网明显时即可采收。

（2）采收方法

采收时连根拔起，除去根部泥土，再用清水洗净植株，置于塑料筐中控干水分后暴晒或烘干。

（3）保存方法

制成干品真空包装保存。

华南忍冬

【拉丁学名】*Lonicera confusa*（Sweet）DC.。

【科属】忍冬科（Caprifoliaceae）忍冬属（*Lonicera*）。

1. 形态特征

半常绿藤本。幼枝、叶柄、总花梗、苞片、小苞片和萼筒均密被灰黄色卷柔毛，并疏生微腺毛。叶纸质，卵形或卵状长圆形，长 3～6（7）cm，基部圆、平截或带心形，幼时两面有糙毛，老时腹面无毛；叶柄长 0.5～1.0 cm。花有香味，双花腋生或于小枝或侧生短枝顶集成具 2～4 节的短总状花序，有总苞叶；总花梗长 2～8 mm；苞片披针形，长 1～2 mm；小苞片圆卵形或卵形，长约 1 mm，有缘毛；萼筒长 1.5～2.0 mm，被糙毛，萼齿披针形或卵状三角形，长 1 mm，外面密被柔毛；花冠白色，后黄色，长 3.2～5.0 cm，唇形，筒直或稍弯曲，外面稍被开展倒糙毛和腺毛，内面有柔毛，唇瓣稍短于冠筒；雄蕊和花柱均伸出，比唇瓣稍长，花丝无毛。果熟时黑色，椭圆形或近圆形，长 0.6～1.0 cm。

2. 分布

华南忍冬在国外分布于越南北部和尼泊尔，在中国分布于广东、海南和广西。生长在丘陵地的山坡、杂木林和灌丛中及平原旷野路旁或河边，海拔 800 m。

3. 功能与主治

华南忍冬具有清热解毒、疏散风热的功效，主治痈肿疔疮、喉痹、丹毒、热毒血痢、风热感冒、温病发热等症。

4. 种植质量管理规范

（1）种植地选择

选择土层深厚肥沃、湿润的房前屋后、田间地头、山坡种植。

（2）整地

整地挖穴，穴的长、深、宽为 0.4 m×0.4 m×0.4 m，每穴施堆肥、厩肥等腐熟农家肥 5 ～ 10 kg，覆土回穴时与肥料拌匀。

（3）播种育苗

种子育苗，随采随播。将种子与细沙按 1 : 3 比例混合后均匀撒播于沙床上，在种子上面覆盖 0.5 ～ 1.0 cm 厚的细土，浇透水。如不能随采随播，可将种子与湿沙（沙子湿度为饱和含水量的 50% ～ 60%）按 1 :（3 ～ 4）的比例混匀后置塑料盆等容器内贮藏。种子不能晒干，否则易丧失发芽力。

（4）定植

春秋两季均可定植。春季育苗，当年 9—10 月定植；秋季育苗，翌年 3—5 月定植。采用穴栽的方式，株行距为 1.5 ～ 2.0 m，穴深、宽各 30 ～ 40 cm，将穴内土壤松碎后，施入有机肥料 5 ～ 10 kg，拌匀。每穴栽苗 1 ～ 3 株。

（5）田间管理

①水。定植后要注意浇足定根水。

②肥。种植前施足基肥，后期进行追肥。追肥根据少量多次的原则。种植后的前 1 ～ 2 年每隔 1 ～ 2 个月结合中耕除草追肥 1 次，每株施尿素 5 ～ 8 g。植株形成花丛后，每年宜在春、夏和冬季各追肥 1 次。春季在 2—3 月间施追蕾肥，夏季在 5—7 月间施复壮肥，冬季在收花后施促梢肥，每株开环沟施氮磷钾（15 : 15 : 15）复合肥料 100 ～ 150 g。此外，初冬每株加施堆肥、厩肥等腐熟农家肥 5 ～ 8 kg。

③除草。每年除草 3 ～ 4 次。第 1 次宜在春季未长春梢前，最后 1 次宜在冬季进行。中耕松土时，宜从外而内，外深内浅。

④整形修剪。定植后，及时用小竹竿、小木杆、塑料杆等，以便让幼苗顺杆向上生长。藤蔓上杆后及时摘去茎尖，促进分枝萌发。藤蔓增多后要随地形造形，形成藤蔓疏朗的花丛。形成花丛之后，每年秋、冬季都要对花丛进行适当修剪，剪除弱、病、枯、老、密和徒长的藤蔓。

（6）病虫害防治

病害危害比较严重的有白粉病、褐斑病和炭疽病。对于病害，可用石硫合剂、粉锈宁、波尔多液等进行冬季清园，新梢期用安克、多菌灵、粉锈宁等药剂进行防治；花蕾可用代森锰锌、Bs-208、班达、锈立通、世高、爱苗等药剂进行防治。

虫害为害较重的有忍冬皱背蚜、木蠹蛾、咖啡虎天牛、铜绿丽金龟子 4 种。对于虫害的防治，一方面要保护好害虫的本地自然天敌，捕杀幼虫；另一方面用劲灵、亲农、蚜虱净、敌虱蚜、马辛等进行防治。

5. 采收质量管理规范

（1）采收时间

花蕾呈白色、未开放前（以含苞待放时期为佳）分批采收。

（2）采收方法

将花蕾采下，用竹筐、塑料筐等透气性好的容器盛装。

（3）保存方法

干燥后放置通风、阴凉处保存。

6. 质量要求及分析方法

【性状】长 1.6 ～ 3.5 cm，直径 0.5 ～ 2.0 mm。萼筒和花冠密被灰白色毛。

【鉴别】

①腺毛较多，头部倒圆锥形或盘形，侧面观 20 ～ 60 ～ 100 细胞；柄部 2 ～ 4 细胞，长 50 ～ 176（～ 248）μm。厚壁非腺毛，单细胞，长 32 ～ 623（～ 848）μm，表面有微细疣状突起，有的具螺纹，边缘有波状角质隆起。

②取本品粉末 0.2 g，加甲醇 5 mL，放置 12 小时，滤过，取滤液作为供试品溶液。另取绿原酸对照品，加甲醇制成每 1 mL 含 1 mg 的溶液，作为对照品溶液。照薄层色谱法（通则 0502）试验，吸取供试品溶液 10 ～ 20 μL、对照品溶液 10 μL，分别点于同一硅胶 H 薄层板上，以乙酸丁酯 – 甲酸 – 水（7∶2.5∶2.5）的上层溶液为展开剂，展开，取出，晾干，置紫外光灯（365 nm）下检视。供试品色谱中，在与对照品色谱相应的位置上，显相同颜色的荧光斑点。

【检查】水分不得过 15.0%（通则 0832 第二法），总灰分不得过 10.0%（通则 2302），酸不溶性灰分不得过 3.0%（通则 2302）。

【浸出物】照醇溶性浸出物测定法（通则 2201）项下的热浸法测定，用乙醇作溶剂，不得少于 21.0%。

【含量测定】照高效液相色谱法（通则 0512）测定。

色谱条件与系统适用性试验：以十八烷基硅烷键合硅胶为填充剂；以乙腈为流动相 A，以 0.4% 醋酸溶液为流动相 B，按下表中的规定进行梯度洗脱；绿原酸检测波长为 330 nm；皂苷用蒸发光散射检测器检测。理论板数按绿原酸峰计算应不低于1000。

表 1　梯度洗脱时间

时间 / 分钟	流动相 A /%	流动相 B /%
0 ～ 10	11.5 → 15	88.5 → 85
10 ～ 12	15 → 29	85 → 71
12 ～ 18	29 → 33	71 → 67
18 ～ 30	33 → 45	67 → 55

对照品溶液的制备：取绿原酸对照品、灰毡毛忍冬皂苷乙对照品、川续断皂苷乙对照品适量，精密称定，加 50% 甲醇制成每 1 mL 含绿原酸 0.5 mg、灰毡毛忍冬皂苷乙 0.6 mg、川续断皂苷乙 0.2 mg 的混合溶液，即得。

供试品溶液的制备：取本品粉末（过四号筛）约 0.5 g，精密称定，置具塞锥形瓶中，精密加入 50% 甲醇 50 mL，称定重量，超声处理（功率 300 W，频率 40 kHz）40 分钟，放冷，再称定重量，用 50% 甲醇补足减失的重量，摇匀，滤过，取续滤液，即得。

测定法：分别精密吸取对照品溶液 2 μL、10 μL，供试品溶液 5 ～ 10 μL，注入液相色谱仪，测定，以外标两点法计算绿原酸的含量，以外标两点法对数方程计算灰毡毛忍冬皂苷乙、川续断皂苷乙的含量，即得。

本品按干燥品计算，含绿原酸（$C_{16}H_{18}O_9$）不得少于 2.0%，含灰毡毛忍冬皂苷乙（$C_{65}H_{106}O_{32}$）和川续断皂苷乙（$C_{53}H_{86}O_{22}$）的总量不得少于 5.0%。

槐

【拉丁学名】*Styphnolobium japonicum*（L.）Schott。

【科属】豆科（Fabaceae）槐属（*Styphnolobium*）。

1. 形态特征

落叶乔木。植株高达 25 m。树皮灰褐色，纵裂；芽隐藏于叶柄基部；当年生枝绿色，生于叶痕中央。叶长 15～25 cm；叶柄基部膨大；小叶 7～15 枚，卵状长圆形或卵状披针形，长 2.5～6.0 cm，先端渐尖，具小尖头，基部圆或宽楔形，腹面深绿色，背面苍白色，疏被短伏毛后无毛；叶柄基部膨大，托叶早落，小托叶宿存；圆锥花序顶生。花长 1.2～1.5 cm，花梗长 2～3 mm，花萼浅钟状，具 5 浅齿，疏被毛，花冠乳白或黄白色，旗瓣近圆形，有紫色脉纹，具短爪，翼瓣较龙骨瓣稍长，有爪，子房无毛，与雄蕊等长，雄蕊 10 枚，不等长，子房近无毛。荚果串珠状，长 2.5～5.0 cm 或稍长，直径约 1 cm，中果皮及内果皮肉质，不裂。具 1～6 粒种子，种子间缢缩不明显，排列较紧密；种子卵圆形，淡黄绿色，干后褐色。花期 7—8 月，果期 8—10 月。

2. 分布

槐在国外于日本、越南、朝鲜均有野生分布，欧洲、美洲各国均有引种。在中国南北各地均广泛栽培，华北和黄土高原地区尤为多见。为深根性喜阳光树种，适宜于湿润肥沃的土壤。海拔 1000 m 高地带均能生长。

3. 功能与主治

槐具有凉血止血、清肝泻火的功效，主治便血、痔血、血痢、崩漏、吐血、通血、肝热目赤、头痛眩晕等症。

4. 种植质量管理规范

（1）种植地选择

选择海拔 1000 m 以下、土壤厚度 ≥ 50 cm 的平地、山地和丘陵种植。

（2）苗木选择

选择嫁接裸根苗地径≥2 cm、生长旺盛、根系发达、植株健壮、叶片绿色且舒展、无病虫害、无机械损伤的苗木。

（3）整地

种植前1个月应整地深翻30～60 cm，平整细耙，除去杂草杂物。按长、宽各1 m、深0.8～1.0 m挖定植穴。定植前应施足基肥，每个定植穴施腐熟农家肥10～20 kg或商品有机肥料1～2 kg，填一层土放一层肥，先填表土，后填底层土。

（4）定植

定植时间一般为2—4月。株行距为2 m×3 m或3 m×4 m。将苗木根系适当修剪，主根保留15～20 cm，保留全部健康须根，用黄泥浆根。按苗木大小分类定植，将苗木立于定植穴中心，舒展根系，扶正，回土，轻压表土，定植深度以松土下沉后苗木嫁接口露出地面5～15 cm为宜。定植后，浇足定根水，再覆盖一层碎土。

（5）田间管理

①查苗补苗。定植后50天进行查苗，发现弱苗、死苗应及时补苗。

②水分管理。遇持续干旱天气，及时淋水；雨季及时排水。

③中耕、除草。每年的4—8月应中耕除草1～2次。

④施肥。追肥第一年在2—7月，追肥1～2次，每株施复合肥料（15∶15∶15）0.1～0.3 kg。第二年在2—7月，追肥1～2次，每株施复合肥料（15∶15∶15）0.1～0.5 kg。第3年后在花蕾膨大期追施1次复合肥料（15∶15∶15）0.5～1.0 kg。植株定型后结合防虫追施2～4次叶面肥，以磷酸二氢钾、硫酸钾等为主，浓度0.1%～0.5%，喷至叶面和叶背湿透为止。一季金槐采收前7～10天每株施复合肥料（15∶15∶15）0.1～0.5 kg。施冬肥在12月至翌年1月，每株施腐熟农家肥5～8 kg、钙镁磷肥0.2～0.5 kg。采用环状沟施肥法或条沟施肥法：环状沟施肥法是在植株外围挖一环形沟，条沟施肥法是在行间或隔行挖沟。沟宽50 cm、深20～25 cm，将肥、土混匀施入沟内。

⑤整形修剪。整形宜在落叶后进行，第1年定主干高度为30～80 cm，打顶1～2次，留3～4个主枝，每个主枝留长20～30 cm；第2年每个主枝留2个副主枝，长度为20～40 cm；第3年及后期修剪留主枝长度为20～40 cm。剪除枯枝、病枝。

种植第3年，6月下旬至7月上旬，将第一季花穗剪下，留枝长30～50 cm，摘去顶部的2～3片叶。新梢长至5～10 cm时宜喷施1次15%烯效唑悬浮液1500～2000倍液促花。

（6）虫害防治

虫害主要有桑白介壳虫、刺槐蚜、小绿叶蝉等。桑白介壳虫可用 4.5% 氯氰菊酯乳剂 2000 倍液进行防治，槐木虱可用 20% 菊杀乳油 1500 ～ 2000 倍进行防治，刺槐蚜可用 20% 甲氰菊酯乳剂 4000 倍或 2.5% 溴氰菊酯乳剂 4000 倍进行防治，小绿叶蝉可用 10% 吡虫啉可湿性粉剂 2500 倍液或 20% 扑虱灵乳油 1000 倍液进行防治。

5. 采收质量管理规范

（1）采收时间

每年 6—7 月，花蕾开花 5% 时采收第一季槐米。9—10 月，花蕾开花 5% 时采收第二季槐米。

（2）采收方法

将花序从基部折断。

（3）保存方法

将花穗蒸煮杀青后晒干或用干燥机烘干，除去花梗等杂质后置于阴凉干燥处贮存，不应与有毒、有害、有异味、易污染的物品混贮、混放。

6. 质量要求及分析方法

【性状】

槐花皱缩而卷曲，花瓣多散落。完整者花萼钟状，黄绿色，先端 5 浅裂；花瓣 5 枚，黄色或黄白色，1 枚较大，近圆形，先端微凹，其余 4 枚长圆形。雄蕊 10 枚，其中 9 枚基部连合，花丝细长。雌蕊圆柱形，弯曲。体轻。气微，味微苦。

槐米呈卵形或椭圆形，长 2 ～ 6 mm，直径约 2 mm。花萼下部有数条纵纹。萼的上方为黄白色未开放的花瓣。花梗细小。体轻，手捻即碎。气微，味微苦涩。

【鉴别】

①本品粉末黄绿色。花粉粒类球形或钝三角形，直径 14 ～ 19 μm。具 3 个萌发孔。萼片表皮表面观呈多角形；非腺毛 1 ～ 3 细胞，长 86 ～ 660 μm。气孔不定式，副卫细胞 4 ～ 8 个。草酸钙方晶较多。

②取本品粉末 0.2 g，加甲醇 5 mL，密塞，振摇 10 分钟，滤过，取滤液作为供试品溶液。另取芦丁对照品，加甲醇制成每 1 mL 含 4 mg 的溶液，作为对照品溶液。照薄层色谱法（通则 0502）试验，吸取上述两种溶液各 10 μL，分别点于同一硅胶 G 薄层板上，以乙酸乙酯 – 甲酸 – 水（8∶1∶1）为展开剂，展开，取出，晾干，喷以三氯化铝试液，待乙醇挥干后，置紫外光灯（365 nm）下检视。供试品色谱中，在与

对照品色谱相应的位置上，显相同颜色的荧光斑点。

【检查】水分不得过 11.0%（通则 0832 第二法）；总灰分槐花不得过 14.0%，槐米不得过 9.0%（通则 2302）；酸不溶性灰分槐花不得过 8.0%，槐米不得过 3.0%（通则 2302）。

【浸出物】照醇溶性浸出物测定法（通则 2201）项下的热浸法测定，用 30% 甲醇作溶剂，槐花不得少于 37.0%，槐米不得少于 43.0%。

【含量测定】

①总黄酮。

对照品溶液的制备：取芦丁对照品 50 mg，精密称定，置 25 mL 量瓶中，加甲醇适量，置水浴上微热使溶解，放冷，加甲醇至刻度，摇匀。精密量取 10 mL，置 100 mL 量瓶中，加水至刻度，摇匀，即得（每 1 mL 中含芦丁 0.2 mg）。

标准曲线的制备：精密量取对照品溶液 1 mL、2 mL、3 mL、4 mL、5 mL 与 6 mL，分别置 25 mL 量瓶中，各加水至 6.0 mL，加 5% 亚硝酸钠溶液 1 mL，混匀，放置 6 分钟，加 10% 硝酸铝溶液 1 mL，摇匀，放置 6 分钟，加氢氧化钠试液 10 mL，再加水至刻度，摇匀，放置 15 分钟，以相应的试剂为空白，照紫外－可见分光光度法（通则 0401），在 500 nm 波长处测定吸光度，以吸光度为纵坐标，浓度为横坐标，绘制标准曲线。

测定法：取本品粗粉约 1 g，精密称定，置索氏提取器中，加乙醚适量，加热回流至提取液无色，放冷，弃去乙醚液。再加甲醇 90 mL，加热回流至提取液无色，转移至 100 mL 量瓶中，用甲醇少量洗涤容器，洗液并入同一量瓶中，加甲醇至刻度，摇匀。精密量取 10 mL，置 100 mL 量瓶中，加水至刻度，摇匀。精密量取 3 mL，置 25 mL 量瓶中，照标准曲线制备项下的方法，自"加水至 6.0 mL"起，依法测定吸光度，从标准曲线上读出供试品溶液中含芦丁的重量（μg），计算，即得。

本品按干燥品计算，含总黄酮以芦丁（$C_{27}H_{30}O_{16}$）计，槐花不得少于 8.0%，槐米不得少于 20.0%。

②芦丁：照高效液相色谱法（通则 0512）测定。

色谱条件与系统适用性试验：以十八烷基硅烷键合硅胶为填充剂；以甲醇－1% 冰醋酸溶液（32：68）为流动相；检测波长为 257 nm。理论板数按芦丁峰计算应不低于 2000。

对照品溶液的制备：取芦丁对照品适量，精密称定，加甲醇制成每 1 mL 含 0.1 mg 的溶液，即得。

供试品溶液的制备：取本品粗粉（槐花约 0.2 g、槐米约 0.1 g），精密称定，置具塞锥形瓶中，精密加入甲醇 50 mL，称定重量，超声处理（功率 250 W，频率 25 kHz）30 分钟，放冷，再称定重量，用甲醇补足减失的重量，摇匀，滤过。精密量取续滤液 2 mL，置 10 mL 量瓶中，加甲醇至刻度，摇匀，即得。

测定法：分别精密吸取对照品溶液与供试品溶液各 10 μL，注入液相色谱仪，测定，即得。

本品按干燥品计算，含芦丁（$C_{27}H_{30}O_{16}$）槐花不得少于 6.0%，槐米不得少于 15.0%。

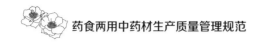

黄花菜

【拉丁学名】*Hemerocallis citrina* Baroni。

【科属】百合科（Liliaceae）萱草属（*Hemerocallis*）。

1. 形态特征

草本植物。植株一般较高大。根近肉质，中下部常有纺锤状膨大。叶7～20枚，长50～130 cm，宽6～25 mm。花葶长短不一，一般稍长于叶，基部三棱形，上部多少圆柱形，有分枝；苞片披针形，下面的长可达3～10 cm，自下向上渐短，宽3～6 mm；花梗较短，通常长不到1 cm；花多朵，最多可达100朵以上；花被淡黄色，有时在花蕾时顶端带黑紫色；花被管长3～5 cm，花被裂片长（6～）7～12 cm，内3片宽2～3 cm。蒴果钝三棱状椭圆形，长3～5 cm。种子20多粒，黑色，有棱，从开花到种子成熟需40～60天。花、果期5—9月。

2. 分布

黄花菜在中国分布于秦岭以南各省份（包括甘肃和陕西的南部，不包括云南）以及河北、山西和山东。生于海拔2000 m以下的山坡、山谷、荒地或林缘。

3. 功能与主治

黄花菜具有养血补虚、凉血清肝、利尿通乳、清热利咽喉等功效，主治贫血导致的头晕、心慌以及尿血、便血等症。

4. 种植质量管理规范

（1）种植地选择

选择土层深厚、疏松，排灌方便，土壤肥力中等、质地为偏酸性的土壤栽培。

（2）整地

翻地前每亩施腐熟的农家肥2000～4000 kg、复合肥料20～30 kg，耕翻混匀后细耙整平，剔除石头、杂草等杂物。然后将地深翻30～35 cm，整畦，畦宽80～90 cm、高25 cm。

（3）栽植

除盛苗期至采摘期，其余时段均可取苗栽种，最佳栽种时间为3—4月。挖取宿根，把每2～3个分蘖作为一丛，由株丛上掰下，将根茎下部的病、老根去除，只留下1～2层新根；再把过长的根剪短，留10 cm长，采用三角形栽植，每穴栽3丛。栽植时采用宽窄行、密穴距的方式，即宽行1 m，窄行0.6 m，穴距25～40 cm，每亩栽2100～3300穴，每穴栽3株，穴内株距10 cm左右，每亩用种苗6300～9900株。肥地稀栽、瘦地密栽。

（4）田间管理

①水。黄花菜较耐旱，抽薹前需水不多。5月中旬开始抽薹后需水渐增，特别是抽薹期灌第1次水时，要让田里的每个角落都渗到。抽薹后到采收前每4～7天灌1次水。采收期是需水最多的时期，从采收开始后到终花期，必须勤浇，保持土壤湿润。采收完毕入冬前应冬灌蓄墒，同时注意黄花菜田里不能积水，否则容易引起烂根，雨水多时要注意排水防涝。

②肥。苗高10 cm左右时施苗肥，每亩追施尿素10～12 kg、三元复合肥料8～10 kg，结合浅中耕施入。冬施促蘖肥，每亩施优质农家肥1500～2000 kg、腐熟的饼肥40～50 kg。五月下旬植株叶片出齐时重施催薹肥，每亩追施尿素10～15 kg、三元复合肥料15 kg。开始采摘10天后追施保蕾肥，每亩施尿素10～15 kg；采摘期每周可喷施1次混合叶面肥（含0.2%磷酸二氢钾、0.4%尿素、1.5%过磷酸钙）。

③除草。每年宜除草3次，第1次在春季发芽后，结合施苗肥进行；第2次在采收结束后；第3次在秋冬割草后，结合施冬肥进行。

④培土。在冬前黄花菜上部叶片干枯之后培土，防止冻伤腋芽，保证来年分蘖抽薹现蕾。

（5）病虫害防治

病害主要有锈病、叶枯病、叶斑病等。锈病在发病初期用50%多菌灵可湿性粉剂或75%百菌清可湿性粉剂600倍液喷施防治，叶枯病用75%百菌清可湿性粉剂500～800倍液喷施防治，叶斑病在发病初期用50%速克灵可湿性粉剂1500倍液或50%多菌灵可湿性粉剂800倍液喷施防治。

虫害主要有红蜘蛛和蚜虫等。红蜘蛛可用73%克螨特2000倍液或15%扫螨净可湿性粉剂1500倍液喷施防治，蚜虫用马拉硫磷乳剂1000倍液喷施防治。

5. 采收质量管理规范

（1）采收时间

每年6—7月采收。

（2）采收方法

在8：00以前或16：00以后采摘顶部呈浅黄色或黄褐色的未开放花蕾。

（3）保存方法

鲜蕾采回后，按品种放在阴凉地方散开摊放，避免阳光直射，以免内部水分散发过快，保持花蕾不裂嘴、不松苞，鲜黄花菜经蒸制后加工成干制品。

黄花倒水莲

【拉丁学名】*Polygala fallax* Hemsl.。

【科属】远志科（Polygalaceae）远志属（*Polygala*）。

1. 形态特征

灌木或小乔木。植株高 1 ～ 3 m。根粗壮，多分枝，表皮淡黄色。枝灰绿色，密被长而平展的短柔毛。单叶互生，叶片膜质，披针形至椭圆状披针形，长 8 ～ 17 （～ 20）cm，宽 4.0 ～ 6.5 cm，先端渐尖，基部楔形至钝圆，全缘，腹面深绿色，背面淡绿色，两面均被短柔毛，主脉腹面凹陷，背面隆起，侧脉 8 ～ 9 对，背面突起，于边缘网结，细脉网状，明显；叶柄长 9 ～ 14 mm，腹面具槽，被短柔毛。总状花序顶生或腋生，长 10 ～ 15 cm，直立，花后延长达 30 cm，下垂，被短柔毛；花梗基部具线状长圆形小苞片，早落；萼片 5 枚，早落，具缘毛，外面 3 枚小，不等大，上面 1 枚盔状，长 6 ～ 7 mm，其余 2 枚卵形至椭圆形，长 3 mm，里面 2 枚大，花瓣状，斜倒卵形，长 1.5 cm，宽 7 ～ 8 mm，先端圆形，基部渐狭；花瓣正黄色，3 枚，侧生花瓣长圆形，长约 10 mm，2/3 以上与龙骨瓣合生，先端几截形，基部向上盔状延长，内侧无毛，龙骨瓣盔状，长约 12 mm，鸡冠状附属物具柄，流苏状，长约 3 mm；雄蕊 8 枚，长 10 ～ 11 mm，花丝 2/3 以下连合成鞘，花药卵形；子房圆形，压扁，直径 3 ～ 4 mm，具缘毛，基部具环状花盘，花柱细，长 8 ～ 9 mm，先端略呈 2 浅裂的喇叭形，柱头具短柄。蒴果阔倒心形至圆形，绿黄色，直径 10 ～ 14 mm，具半同心圆状凸起的棱，无翅及缘毛，顶端具喙状短尖头，具短柄。种子圆形，直径约 4 mm，棕黑色至黑色，密被白色短柔毛，种阜盔状，顶端突起。花期 5—8 月，果期 8—10 月。

2. 分布

黄花倒水莲在中国分布于江西、福建、湖南、广东、广西和云南。常生于山谷林下水旁阴湿处，海拔（360 ～）1150 ～ 1650 m。

3. 功能与主治

黄花倒水莲具有补血益气、健脾利湿、活血调经的功效，主治病后体虚、腰膝酸痛、跌打损伤、黄疸性肝炎、肾炎水肿、子宫脱垂、白带异常、月经不调等症。

4. 种植质量管理规范

（1）种植地选择

以郁闭度 20% ～ 50%，土层深厚、土质疏松的山谷、林缘或水旁阴湿地种植为宜。

（2）整地

水平带状清理，翻耕表土，耙平，穴状整地，种植株行距一般为 1 m×1 m，种植穴规格为 40 cm×40 cm×30 cm，每穴施 0.5 kg 有机肥料作基肥。

（3）育苗

10—12 月选取健壮、无病虫害的植株，采摘棕黑色至黑色的新鲜饱满的种子，翌年 3 月进行播种。播种方法为常规的条播、撒播等，播种后注意保湿。

（4）栽植

2—4 月选择阴雨天或多云天气时种植。裸根苗栽植前先用黄泥浆浆根，置于种植穴中间，保持根系舒展，培土至高于苗木根颈处 3 ～ 5 cm。容器苗栽植时先除去塑料薄膜袋，保持土团完整，置于种植穴中间填回表土。

（5）田间管理

①肥。每年 2—4 月和 9—11 月结合除草松土追肥 2 次，每株施复合肥料 100 ～ 150 g。

②除草。每年 3—8 月人工除草 2 ～ 3 次，深度为 5 ～ 10 cm。

（6）病虫害防治

病害主要有炭疽病，可用 40% 多菌灵悬浮剂稀释 200 倍喷雾或 40% 托布津悬浮剂 200 倍液喷施防治。

虫害主要有尺镬、蓟马，可用 25% 灭幼脉胶悬剂稀释 200 倍喷雾或 1.8% 阿维菌素乳油 100 倍液喷施防治。

5. 采收质量管理规范

（1）采收时间

每年立秋后于晴天采摘叶子。种植 3 年后，可在秋冬季采收全株。

（2）采收方法

采摘成熟老叶，嫩叶保留，用通透性较好的箩筐或布袋装好带回，回来后及时加工。在摘叶过程中不损伤树皮，采叶后将根茎连根挖起。

（3）保存方法

成熟老叶采回后要及时加工，经过杀青、揉捻、发酵、炒干、提香等工序制成黄花远志茶。地上枝茎与根部分开处理，枝茎切片晒干，根条冲洗干净后切片或切段晒干，放置于干爽通风处保存。

黄牛木

【拉丁学名】*Cratoxylum cochinchinense*（Lour.）Bl.。

【科属】金丝桃科（Hypericaceae）黄牛木属（*Cratoxylum*）。

1. 形态特征

落叶灌木或乔木。植株高 1.5 ～ 18.0（～ 25.0）m。全体无毛，树干下部有簇生的长枝刺；树皮灰黄色或灰褐色，平滑或有细条纹；枝条对生，幼枝略扁，无毛，淡红色，节上叶柄间线痕连续或间有中断。叶片椭圆形至长椭圆形或披针形，长 3.0 ～ 10.5 cm，宽 1 ～ 4 cm，先端骤然锐尖或渐尖，基部钝形至楔形，坚纸质，两面无毛，腹面绿色，背面粉绿色，有透明腺点及黑点，中脉在腹面凹陷，背面凸起，侧脉每边 8 ～ 12 条，两面凸起，斜展，末端不呈弧形闭合，小脉网状，两面凸起；叶柄长 2 ～ 3 mm，无毛。聚伞花序腋生或腋外生及顶生，有花（1 ～）2 ～ 3 朵，具梗；总梗长 3 ～ 10 mm 或以上；花直径 1.0 ～ 1.5 cm，花梗长 2 ～ 3 mm；萼片椭圆形，长 5 ～ 7 mm，宽 2 ～ 5 mm，先端圆形，全面有黑色纵腺条，果时增大；花瓣粉红、深红至红黄色，倒卵形，长 5 ～ 10 mm，宽 2.5 ～ 5.0 mm，先端圆形，基部楔形，脉间有黑腺纹，无鳞片；雄蕊束 3 枚，长 4 ～ 8 mm，柄宽扁至细长；下位肉质腺体长圆形至倒卵形，盔状，长达 3 mm，宽 1.0 ～ 1.5 mm，顶端增厚反曲；子房圆锥形，长 3 mm，无毛，3 室；花柱 3 个，线形，自基部叉开，长 2 mm。蒴果椭圆形，长 8 ～ 12 mm，宽 4 ～ 5 mm，棕色，无毛，被宿存的花萼包被达 2/3 以上。种子每室（5 ～）6 ～ 8 粒，倒卵形，长 6 ～ 8 mm，宽 2 ～ 3 mm，基部具爪，不对称，一侧具翅。花期 4—5 月，果期 6 月以后。

2. 分布

黄牛木在国外分布于缅甸、泰国、越南、马来西亚、印度尼西亚及菲律宾，在中国分布于云南南部、广西及广东。生于丘陵或山地的干燥向阳坡上的次生林或灌丛中，海拔 1240 m 以下，能耐干旱，萌发力强。

3. 功能与主治

黄牛木具有清热解毒、化湿消滞、祛瘀消肿的功效，主治感冒、中暑发热、泄泻、水肿、黄疸、跌打损伤、痈肿疮疖等症，嫩叶可做清凉饮料，解暑热烦渴。

4. 种植质量管理规范

（1）种植地选择

选择石山坡地中下部，土壤为疏松肥沃、富含有机质的微酸性土壤种植。

（2）播种育苗

8—9月采收成熟果实，收集种子，随采随播。播种后要薄覆土、薄盖草，浇水不宜过湿，待小苗长至3～5 cm高时移入营养杯中培育。

（3）整地

以1 m×2 m株行距进行穴状整地。

（4）栽植

裸根苗起苗时适当修剪枝叶及过长的根，并及时浆根。容器苗造林栽植前应去除塑料容器。

（5）田间管理

前5年生长较慢，应加强抚育。在定植当年雨季末进行砍草松土1次，以后3年内每年在雨季前后结合松土进行砍杂，直至幼林郁闭。后续仍要砍除藤蔓，以免影响林木生长，同时尽可能结合松土进行林木施肥，以加速林木生长。

（6）虫害防治

幼林阶段常有蓝绿象成虫危害树梢心部，初害株从枯梢下方萌生侧芽，对幼树生长及其干形均有很大影响，可用40%乐果800～1000倍液喷洒防治。

5. 采收质量管理规范

（1）采收时间

6月左右采摘幼果，3月中旬至4月中旬采摘嫩叶。

（2）采收方法

将幼果从叶柄处剪下，手工采摘刚冒尖未久、柔嫩的叶片。

（3）保存方法

幼果晒干或烘干后保存，嫩叶可直接晒干或按照制茶工艺进行加工。

积雪草

【拉丁学名】*Centella asiatica*（L.）Urban。

【科属】伞形科（Apiaceae）积雪草属（*Centella*）。

1. 形态特征

多年生草本。茎匍匐，细长，节上生根。叶片膜质至草质，圆形、肾形或马蹄形，长 1.0～2.8 cm，宽 1.5～5.0 cm，边缘有钝锯齿，基部阔心形，两面无毛或在背面脉上疏生柔毛；掌状脉 5～7 条，两面隆起，脉上部分叉；叶柄长 1.5～27.0 cm，无毛或腹面被柔毛，基部叶鞘透明，膜质。伞形花序梗 2～4 个，聚生于叶腋，长 0.2～1.5 cm，有毛或无毛；苞片通常 2 枚，很少 3 枚，卵形，膜质，长 3～4 mm，宽 2.1～3.0 mm；每一伞形花序有花 3～4 朵，聚集呈头状，花无柄或有 1 mm 长的短柄；花瓣卵形，紫红色或乳白色，膜质，长 1.2～1.5 mm，宽 1.1～1.2 mm；花柱长约 0.6 mm；花丝短于花瓣，与花柱等长。果实两侧扁压，圆球形，基部心形至平截形，长 2.1～3.0 mm，宽 2.2～3.6 mm，每侧有纵棱数条，棱间有明显的小横脉，网状，表面有毛或平滑。花、果期 4—10 月。

2. 分布

积雪草在中国分布于陕西、江苏、安徽、浙江、江西、湖南、湖北、福建、台湾、广东、广西、四川、云南。喜生于阴湿的草地或水沟边，海拔 200～1900 m。

3. 功能与主治

积雪草具有清热利湿、解毒消肿的功效，主治湿热黄疸、中暑腹泻、石淋血淋、痈肿疮毒、跌扑损伤等症。

4. 种植质量管理规范

（1）种植地选择

积雪草适合阴生，选择温暖潮湿、土质疏松、排水性较好的地块种植。

（2）整地

种植前进行翻地，使土壤疏松。

（3）栽植

采用扦插或分株的方式进行繁殖，以 20 cm×20 cm 为种植密度，有机肥料 – 复合肥料（1：1）为基肥，用量为 7.5 g/m²。

（4）田间管理

①水。积雪草喜温暖潮湿环境，旱季及时浇水，雨季注意排灌。

②肥。定植 4 个月后施尿素，5 个月后施复合肥料。

③遮阴。积雪草不耐强光直射，光照较强时需搭建遮阴网遮阳。

5. 采收质量管理规范

（1）采收时间

7—11 月生长旺盛期进行采收。

（2）采收方法

采用间隔采收的方式可增加产量，即 7 月第 1 次采收时将种植地划分成数列一定宽度的纵列，收一列，留一列，约 2 个月后即可进行第 2 次采收，此时采收前 1 次留下的老株，新株让其继续生长，到 11 月时全部收完。

（3）保存方法

晒干后置通风阴处贮存或鲜用。

6. 质量要求及分析方法

【性状】本品常卷缩成团状。根圆柱形，长 2～4 cm，直径 1.0～1.5 mm；表面浅黄色或灰黄色。茎细长弯曲，黄棕色，有细纵皱纹，节上常着生须状根。叶片多皱缩、破碎，完整者展平后呈近圆形或肾形，直径 1～4 cm；灰绿色，边缘有粗钝齿；叶柄长 3～6 cm，扭曲。伞形花序腋生，短小。双悬果扁圆形，有明显隆起的纵棱及细网纹，果梗甚短。气微，味淡。

【鉴别】

①本品茎横切面：表皮细胞类圆形或近方形。下方为 2～4 列厚角细胞。外韧型维管束 6～8 个；韧皮部外侧为微木化的纤维群，束内形成层明显，木质部导管径向排列。髓部较大。皮层和射线中可见分泌道，直径 23～34 μm，周围分泌细胞 5～7 个。

叶表面观：上、下表皮细胞均呈多边形；气孔不等式或不定式，上表皮较少，下表皮较多。

②取本品粉末 1 g，用乙醇 25 mL，加热回流 30 分钟，滤过，滤液蒸干，残渣加水 20 mL 使溶解，用水饱和的正丁醇振摇提取 2 次，每次 15 mL，合并正丁醇液，用正丁醇饱和的水 15 mL 洗涤，弃去水液，正丁醇液蒸干，残渣加甲醇 1 mL 使溶解，作为供试品溶液。另取积雪草苷对照品、羟基积雪草苷对照品，加甲醇制成每 1 mL 各含 1 mg 的溶液，作为对照品溶液。照薄层色谱法（通则 0502）试验，吸取上述 3 种溶液各 5 ～ 10 μL，分别点于同一硅胶 G 薄层板上，以三氯甲烷 - 甲醇 - 水（7：3：0.5）为展开剂，展开，取出，晾干，喷以 10% 硫酸乙醇溶液，在 105 ℃加热至斑点显色清晰。供试品色谱中，在与对照品色谱相应的位置上，显相同颜色的斑点。

【检查】水分不得过 12.0%（通则 0832 第二法），总灰分不得过 13.0%（通则 2302），酸不溶性灰分不得过 3.5%（通则 2302）。

【浸出物】照醇溶性浸出物测定法（通则 2201）项下的热浸法测定，用稀乙醇作溶剂，不得少于 25.0%。

【含量测定】照高效液相色谱法（通则 0512）测定。

色谱条件与系统适用性试验：十八烷基硅烷键合硅胶为填充剂；以乙腈 -2 mmol/L 倍他环糊精溶液（24：76）为流动相；检测波长为 205 nm。理论板数按积雪草苷峰计算应不低于 5000。

对照品溶液的制备：取积雪草苷对照品、羟基积雪草苷对照品适量，精密称定，加甲醇制成每 1 mL 各含 0.2 mg 的溶液，即得。

供试品溶液的制备：取本品粉末（过二号筛）约 0.5 g，精密称定，置具塞锥形瓶中，精密加入 80% 甲醇 20 mL，密塞，称定重量，超声处理（功率 180 W，频率 42 kHz）30 分钟，放冷，再称定重量，用 80% 甲醇补足减失的重量，摇匀，离心，取上清液，即得。

测定法：分别精密吸取对照品溶液 10 μL 与供试品溶液 10 ～ 20 μL 入液相色谱仪，测定，即得。

本品按干燥品计算，含积雪草苷（$C_{48}H_{78}O_{19}$）和羟基积雪草苷（$C_{48}H_{78}O_{20}$）的总量不得少于 0.80%。

鱼腥草

【拉丁学名】*Houttuynia cordata* Thunb.。

【科属】三白草科（Saururaceae）蕺菜属（*Houttuynia*）。

1. 形态特征

多年生草本。植株高 30 ～ 50 cm。全株有腥臭味；茎上部直立，常呈紫红色，下部匍匐，节上轮生小根。叶互生，薄纸质，有腺点，背面尤甚，卵形或阔卵形，长 4 ～ 10 cm，宽 2.5 ～ 6.0 cm，基部心形，全缘，背面常紫红色，掌状叶脉 5 ～ 7 条，叶柄长 1.0 ～ 3.5 cm，无毛，托叶膜质长 1.0 ～ 2.5 cm，下部与叶柄合生成鞘。花小，夏季开，无花被，排成与叶对生、长约 2 cm 的穗状花序，总苞片 4 枚，生于总花梗之顶，白色，花瓣状，长 1 ～ 2 cm，雄蕊 3 枚，花丝长，下部与子房合生，雌蕊由 3 个合生心皮所组成。蒴果近球形，直径 2 ～ 3 mm，顶端开裂，具宿存花柱。种子多数，卵形。花期 5—6 月，果期 10—11 月。

2. 分布

鱼腥草在亚洲东部和东南部广泛分布；在中国分布于中部、东南至西南部各省份，东起台湾，西南至云南、西藏，北达陕西、甘肃。常分布于沟边、溪边或林下湿地上。

3. 功能与主治

鱼腥草具有清热解毒、消痈排脓、利尿通淋的功效，主治肺痈吐脓、痰热喘咳、热痢、热淋、痈肿疮毒等症。

4. 种植质量管理规范

（1）种植地选择

选择地势平坦、土质疏松、排灌方便、背风向阳、pH 值为 6.5 ～ 7.0 的沙壤土种植。

（2）整地

深翻、整平后起畦，畦宽 1.5 ～ 2.0 m、高 30 ～ 40 cm，沟底宽 20 ～ 30 cm。每亩施充分腐熟的有机肥料 4000 kg、复合肥料 50 kg、饼肥 40 kg 作底肥，耙平。

（3）栽植

按株行距 15 cm×25 cm 开沟或挖穴定植，栽种茎的株行距为 5 cm×25 cm，覆土厚 6 ～ 7 cm 后用 50% 乙草胺乳油 70 ～ 75 mL 兑水 40 ～ 45 kg 均匀喷施于畦面除草。每亩用 700 kg 稻草覆盖，适时浇水且保持垄面湿润。

（4）田间管理

①水。栽植后保持土壤湿润，尤其在 5—6 月生长旺季和 7—8 月高温干旱时需及时浇灌。

②肥。5 月下旬，每亩可施人粪尿 1500 kg 以促进鱼腥草生长。此外，为了增加产品香味和产量，可在生长期间用 0.1% ～ 0.3% 磷酸二氢钾水溶液叶面喷施 2 ～ 3 次。

③中耕除草。出苗后到封行中耕除草 3 ～ 4 次，并敲碎土壤表面板结，创造疏松的土壤环境。

④摘心和摘蕾。对生长过旺的植株要摘心，以抑制侧枝，使养分集中供应地下茎生长。如果不是为了用花，初现蕾时即可摘蕾。

⑤连年管理。每年春季（萌发新芽前）均匀撒施腐熟的农家肥，然后覆盖秸秆，逐年重复。3 ～ 4 年后根据病虫害发生情况综合考虑是否换地种植。

（5）病虫害防治

鱼腥草很少发生虫害，病害主要有白绢病、紫斑病和叶斑病。白绢病发病初期可喷洒 20% 三唑酮乳油 1500 倍液，间隔 10 天 1 次，共 2 ～ 3 次，采收前 1 周停止用药。紫斑病发病初期，可用 1∶1∶160 的波尔多液或 70% 代森锰锌可湿性粉剂 500 倍液喷洒防治，间隔 3 ～ 5 天 1 次，共 2 ～ 3 次。叶斑病发病时可用 50% 甲基硫菌灵可湿性粉剂 1000 ～ 1200 倍液或 70% 代森锰锌可湿性粉剂 500 ～ 800 倍液喷施防治。

5. 采收质量管理规范

（1）采收时间

食用嫩苗在 3—5 月采收，食用根茎在 9 月至翌年 3 月进行。若以药用为主，种植当年只可采收 1 次，在 9—10 月采收；第 2 年可收割 2 次，第 1 次在 6 月，第 2 次在 9—10 月。

（2）**采收方法**

食用根茎时初夏不采摘嫩叶，以免影响地下茎产量，当地下茎达 30 cm 以上时可采割白嫩根茎食用，一般在 9 月至翌年 3 月进行。根茎采收前割除地上部茎叶，移除腐烂的覆盖物，挖掘根茎后洗净即可加工食用，数量较大者滤干外表水分，用编织袋包装即可上市。收获过程中避免堆积和雨淋受潮。

（3）**保存方法**

鲜食的嫩茎叶或根状茎采收后，除去杂质洗净即可加工食用或直接上市。若是加工制作饮料或药用的，可根据生产工艺要求，用镰刀平地割下全草，洗净晒干即可收藏备用。

6.质量要求及分析方法

【**性状**】

鲜鱼腥草：茎呈圆柱形，长 20 ～ 45 cm，直径 0.25 ～ 0.45 cm；上部绿色或紫红色，下部白色，节明显，下部节上生有须根，无毛或被疏毛。叶互生，叶片心形，长 3 ～ 10 cm，宽 3 ～ 11 cm；先端渐尖，全缘；腹面绿色，密生腺点，背面常紫红色；叶柄细长，基部与托叶合生成鞘状。穗状花序顶生。具鱼腥气，味涩。

干鱼腥草：茎呈扁圆柱形，扭曲，表面黄棕色，具纵棱数条；质脆，易折断。叶片卷折皱缩，展平后呈心形，腹面暗黄绿色至暗棕色，背面灰绿色或灰棕色。穗状花序黄棕色。

【**鉴别**】取干鱼腥草 25 g（鲜鱼腥草 125 g）剪碎，照挥发油测定法（通则 2204）加乙酸乙酯 1 mL，缓缓加热至沸，并保持微沸 4 小时，放置 30 分钟，取乙酸乙酯液作为供试品溶液。另取甲基正壬酮对照品，加乙酸乙酯制成每 1 mL 含 10 μL 的溶液，作为对照品溶液。照薄层色谱法（通则 0502）试验，吸取供试品溶液 5 μL、对照品溶液 2 μL，分别点于同一硅胶 G 薄层板上，以环己烷 – 乙酸乙酯（9∶1）为展开剂，展开，取出，晾干，喷以二硝基苯肼试液。供试品色谱中，在与对照品色谱相应的位置上，显相同的黄色斑点。

【**检查**】水分（干鱼腥草）不得过 15.0%（通则 0832 第二法），酸不溶性灰分（干鱼腥草）不得过 2.5%（通则 2302）。

【**浸出物**】干鱼腥草照水溶性浸出物测定法（通则 2201）项下的冷浸法测定，不得少于 10.0%。

假黄皮

【拉丁学名】*Clausena excavata* N. L. Burman。

【科属】芸香科（Rutaceae）黄皮属（*Clausena*）。

1. 形态特征

灌木。植株高 1～2 m。小枝及叶轴均密被向上弯的短柔毛且散生微凸起的油点。叶有小叶 21～27 枚，幼龄植株的小叶多达 41 枚，花序邻近的小叶有时仅 15 枚，小叶甚不对称，斜卵形、斜披针形或斜四边形，长 2～9 cm，宽 1～3 cm，很少见较大或较小的小叶，边缘波浪状，两面被毛或仅叶脉有毛，老叶几乎无毛；小叶柄长 2～5 mm。花序顶生；花蕾圆球形；苞片对生，细小；花瓣白色或淡黄白色，卵形或倒卵形，长 2～3 mm，宽 1～2 mm；雄蕊 8 枚，长短相间，花蕾时常贴附于花瓣内侧，盛花时伸出于花瓣外，花丝中部以上线形，中部屈膝状，下部宽，花药在药隔上方有 1 个油点；子房上角四周各有 1 个油点，密被灰白色长柔毛，花柱短而粗。果椭圆形，长 12～18 mm，宽 8～15 mm，初时被毛，成熟时由暗黄色转为淡红色至朱红色，毛尽脱落。有种子 1～2 颗。花期 4—5 月及 7—8 月，稀至 10 月仍开花（海南）。盛果期 8—10 月。

2. 分布

假黄皮在国外分布于越南、老挝、柬埔寨、泰国、缅甸、印度等地，在中国主产于云南南部、福建、广东、海南、广西、台湾。常生于平地至海拔 1000 m 山坡灌丛或疏林中。

3. 功能与主治

假黄皮具有疏风解表、除湿消肿、行气散瘀的功效，主治感冒、麻疹、哮喘、水肿、胃痛、风湿痹痛、湿疹、扭挫伤折等症。

4. 种植质量管理规范

（1）种植地选择

选择土质疏松、土壤肥沃、排水良好、靠近水源处的沙质土壤种植。

（2）整地

根据地形规划防护林、道路及排灌系统等设施。园地种植需两犁两耙、清除树根等杂物，坡地宜按等高线开环山行畦田或梯田种植。

（3）栽植

宜春植或秋植，以 3—4 月种植成活率为最高。定植前 2～3 个月先挖好宽 1 m、深 0.8 m 的种植穴，表土、底层土分开堆放，每穴施腐熟的农家肥 15～20 kg、过磷酸钙 0.5～1.0 kg，然后将肥料与表土混合均匀待用。株行距采用 3 m×4 m 或 2 m×3 m，定植时将苗木放入种植穴中，回填至与根颈齐平为宜。

（4）田间管理

①水。种植后淋透定根水并覆盖秸秆等物，以便更好地保水保湿。

②肥。种植后抽出梢时开始追肥，3 月、5 月、7 月、9 月各施 1 次追肥，3 月、5 月、7 月每株施尿素 40～50 g，9 月施复合肥料 1 次，每株施 75～100 g。结果树 10—11 月施催花肥，每株施复合肥料 200～250 g。果实膨大期、生理落果后施壮果肥，每株施 200～250 g。采果后立即施果后肥，每株施尿素 200～250 g 或复合肥料 150～200 g。

③修剪。幼树在主干上留 3～4 条枝培养为主枝（与主干的夹角为 45°～50°），其余全部剪去。结果树采果后再进行修剪。

（5）虫害防治

常见的虫害有木虱、介壳虫、白蛾蜡蝉、吸果夜蛾、蚜虫和红蜘蛛等。抽梢期叶面喷施 18% 杀虫双 500 倍液、10% 高效氯氰菊酯 1000 倍液、48% 毒死蜱 1500 倍液，可有效防治木虱、介壳虫、白蛾蜡蝉、吸果夜蛾等虫害。对蚜虫和红蜘蛛，可将 10% 吡虫啉 1500 倍液、哒螨灵 1000 倍液混合后喷施。

5. 采收质量管理规范

（1）采收时间

果实的销售以鲜果为主，长途运输的果实可在八九成熟时进行采收；销往本地市场的鲜果，则要等到熟透后才采摘。

（2）采收方法

将枝条和果实一起剪下放入筐中，注意防止压迫致果实受损。

（3）保存方法

采摘的果实可腌制加工成调味品或晒干做饼馅。

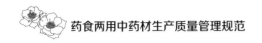

绞股蓝

【拉丁学名】*Gynostemma pentaphyllum*（Thunb.）Makino。

【科属】葫芦科（Cucurbitaceae）绞股蓝属（*Gynostemma*）。

1. 形态特征

草质攀缘藤本。茎无毛或疏被柔毛。鸟足状复叶，具（3～）5～7（～9）枚小叶，叶柄长 3～7 cm；小叶膜质或纸质，卵状长圆形或披针形，中央小叶长 3～12 cm，宽 1.5～4.0 cm，具波状齿或圆齿状牙齿，两面疏被硬毛，侧脉 7～8 对；小叶柄略叉开，长 1～5 mm，卷须 2 歧，稀单一。雌雄异株，圆锥花序，雄花序较大，具钻状小苞片，花萼 5 裂，裂片三角形，花冠淡绿色或白色，5 深裂；雄花雄蕊 5 枚，花丝短而合生，雌花具退化雄蕊 5 枚。果球形，成熟后黑色。种子 2 粒，卵状心形，扁。

2. 分布

绞股蓝分布于南亚、东南亚及东亚，在中国分布于陕西南部和长江以南各省份。常生于丛林中，海拔 1880 m 左右。

3. 功能与主治

绞股蓝具有清热、补虚、解毒的功效，主治体虚乏力、虚劳失精、白细胞减少症、高脂血症、病毒性肝炎、慢性胃肠炎、慢性气管炎等症。

4. 种植质量管理规范

（1）种植地选择

选择阴凉湿润、土质疏松肥沃、土壤偏酸性的沟壑、山谷或山坡种植。

（2）整地

种植前 15～20 天对种植地进行深翻晒垡；种植前 5～7 天对深翻晒垡后的地块施入腐熟鸡粪肥或农家肥，同时在地块中间及四周挖好排水沟，做好排水工作。

（3）育苗

采用扦插育苗、根茎育苗及压蔓法进行繁殖：扦插育苗是选择生长健壮的枝蔓，截成有 3～4 个节的插穗，上节留叶，将 1/3～1/2 的插穗插入土中；根状茎育苗是将根状茎截成 3～5 cm 长段，插入土中盖土压实；压蔓育苗是在茎蔓生长到 50 cm 左右长时将茎蔓埋进土壤内。

（4）栽植

一般在 5—9 月进行移栽。在事先整好的畦上，按行距 50 cm、穴距 40 cm，挖 15 cm×15 cm 的定植穴，每穴栽苗 2 株，株距 10 cm。定植后淋透定根水，以后每天浇水 1 次，成活后可少浇水。

（5）田间管理

①水。绞股蓝春季需水量最大，应及时补充生长所需的大量水分；其他季节结合天气情况进行适量灌溉。雨季需及时做好排水工作，以免积水使根遭遇涝害。

②肥。移栽 7～10 天后进行第 1 次追肥，用极稀的人粪尿沟施。生长旺盛期每亩追施复合肥料 10～15 kg。

③搭架。植株高 20 cm 左右时用竹竿、塑料杆等搭"人"字形支架，辅助绞股蓝藤蔓上架，以促进生长和提高产量。

（6）病虫害防治

绞股蓝在阴雨季节容易发生立枯病，发病时需及时清除病害植株，同时在种植地周围撒石灰粉末，喷施 99% 恶霉灵 20000 倍液、50% 敌磺钠 500～800 倍液或 3% 甲霜恶霉灵 800 倍液，以达到隔离病害的效果。

5. 采收质量管理规范

（1）采收时间
绞股蓝 1 年生可采收 2 次，第 1 次在 6—7 月，第 2 次在 11 月。

（2）采收方法
利用小刀等工具从根部进行切割，以保证绞股蓝的质量。

（3）保存方法
绞股蓝采收后将其充分晾晒，使水分挥发，当晾晒到半干时即可将其切成小段，再次晾晒，直至晒干。

野百合

【拉丁学名】*Lilium brownii* F. E. Brown ex Miellez。

【科属】百合科（Liliaceae）百合属（*Lilium*）。

1. 形态特征

直立草本。植株高 30～100 cm。基部常木质，单株或茎上分枝，被紧贴粗糙的长柔毛。托叶线形，长 2～3 mm，宿存或早落；单叶，形状变异较大，通常为线形、线状披针形、椭圆状披针形或线状长圆形，两端渐尖，长 3～8 cm，腹面近无毛，背面密被丝质短柔毛，叶柄近无毛。总状花序顶生、腋生或密生枝顶形似头状，亦有叶腋生出单花，花 1 至多数；苞片线状披针形，长 4～6 mm，小苞片与苞片同形，成对生萼筒部基部；花梗短，长约 2 mm；花萼二唇形，长 10～15 mm，密被棕褐色长柔毛，萼齿阔披针形，先端渐尖；花冠蓝色或紫蓝色，包被萼内，旗瓣长圆形，长 7～10 mm，宽 4～7 mm，先端钝或凹，基部具胼胝体 2 枚，翼瓣长圆形或披针状长圆形，约与旗瓣等长，龙骨瓣中部以上变狭，形成长喙；子房无柄。荚果短圆柱形，长约 10 mm，苞被萼内，下垂紧贴于枝，秃净无毛。种子 10～15 粒。

2. 分布

野百合分布于中南半岛、南亚、太平洋诸岛及朝鲜、日本等地区，在中国主要分布于辽宁、河北、山东、江苏、安徽、浙江、江西、福建、台湾、湖南、湖北、广东、海南、广西、四川、贵州、云南、西藏。常生于荒地路旁及山谷草地，海拔 70～1500 m。

3. 功能与主治

野百合具有清热、利湿、解毒的功效，主治痢疾、疮疖、小儿疳积等症。

4. 种植质量管理规范

（1）种植地选择

平原宜选择地势高、土层深厚、土质疏松、排水良好的夹沙土或腐殖质土壤种植，山区可选半阴半阳的疏林下或缓坡地种植。

（2）整地

栽种前深翻土壤 30 cm 以上，结合翻地，每亩施腐熟的农家肥 2500 kg、过磷酸钙 25 kg 作基肥，另加 50% 地亚农 0.6 kg，同时翻入土内，进行土壤消毒。作 1.3 m 高畦或平畦，畦沟宽 30 m，四周开较深的排水沟。

（3）栽植

秋季选择鳞片抱合紧密、色白形正、无机械损伤、无病虫害的鳞茎，将种茎置于 20% 福尔马林溶液中浸泡 15 分钟进行消毒，取出，晾干后栽植。在畦面上按行距 25 cm 开沟，沟深 12 cm，每隔 15 cm 摆 1 个鳞茎（顶端向上），上面覆盖一层 2 cm 左右厚的细土，再盖一层落叶或秸秆。

（4）田间管理

①水。种植后 15 天内浇 3 ～ 4 次水，以促进长根发芽。现蕾后至开花前应保持水分充足，以促进花蕾发育。夏季高温多雨季节以及雨后要及时疏沟排水，以免发生积水导致病害，遇干燥天气应及时灌水。

②肥。种植前施足基肥，花芽形成前的营养生长旺盛期每周施 1 次人粪尿或尿素。现蕾至开花前每 10 天左右施 1 次氮磷钾复合肥料，采花后追施 1 次速效肥料。

③除草。定期对种植地进行清杂，除尽杂草、杂灌等。

④促花保果。除留种地外，其余植株现蕾时及时将花蕾剪除。

（5）病害防治

病害主要有根腐病、基腐病、立枯病等。发病初期应立即挖除患病植株，同时用 50% 多菌灵（1.5 g/m²）灌根或与 50% 代森铵 100 倍液混合灌施。

5. 采收质量管理规范

（1）采收时间

移栽后的第 2 年立秋前后，当茎叶枯萎时采收。

（2）采收方法

选择晴天挖取鲜茎，除去泥土、茎秆和须根，将大鲜茎销售、小鲜茎留作种用。

（3）保存方法

晒干后置通风阴凉处保存。

金花茶

【拉丁学名】*Camellia petelotii*（Merrill）Sealy。

【科属】山茶科（Theaceae）山茶属（*Camellia*）。

1. 形态特征

常绿灌木。植株高 1～2 m。树皮黄褐色。叶革质，长 6.0～9.5 cm，宽 2.5～4.0 cm，有时稍大，先端钝尖，基部宽楔形，两面无毛，侧脉 5～6 对，在腹面稍下陷，网脉不明显，边缘具细锯齿，或近全缘，叶柄长 5～7 mm。花单生于叶腋，直径 2.5～4.0 cm，黄色，花梗下垂，长 5～10 mm；苞片 4～6 枚，半圆形，长 2～3 mm，外面无毛，内面被白色短柔毛；萼片 5 枚，近圆形，长 4～10 mm，无毛，但内侧有短柔毛；花瓣 10～13 枚，外轮近圆形，长 1.5～1.8 cm，宽 1.2～1.5 cm，无毛，内轮倒卵形或椭圆形，长 2.5～3.0 cm，宽 1.5～2.0 cm；雄蕊多数，外轮花丝连成短管，长 1～2 mm；子房 3 室，无毛，花柱 3 条，长 1.8～2.0 cm，分离。花期 12 月至翌年 3 月。

2. 分布

金花茶在中国主要分布在广西防城港、崇左等地海拔 50～700 m 的酸性土山谷杂木林中。喜荫生、高温高湿的南亚热带海洋性气候和季风性气候的林区生态环境。

3. 功能与主治

金花茶具有清热毒、除湿毒、通水道的功效，主治咽炎、痢疾、水肿、淋症、黄疸、高血压、痈疮、肝硬化腹水等症。

4. 种植质量管理规范

（1）种植地

金花茶适合生长在潮湿、阴凉、阳光不能直射的林下环境，土壤为湿润、富含有机质的酸性土壤。

（2）整地

清除杂木，清洁地面，做好种植的前期工作，确定适宜金茶花种植的密度。

（3）播种

11月左右采收果实，然后将果实在阴凉处摊开，待蒴果开裂后收集种子。用高锰酸钾、多菌灵等消毒剂对种子进行浸泡消毒后播种。若春播，需将种子贮藏在湿沙中。

（4）育苗

金花茶育苗方法有种子育苗、扦插育苗、嫁接育苗等，常用的方法为前两种。

①种子育苗。主要有2种方法：一是培育裸根苗，在苗床上按行距25～35 cm开5～10 cm深的沟，按株距15～20 cm点播种子；二是培育容器苗，将黄心土、泥炭按9：1的比例混匀，用0.3%多菌灵稀释液喷洒后装入营养袋中，每个营养袋中间挖一小洞，放入种子后覆土厚2 cm。

②扦插育苗。4月中旬选择1年生枝作插穗，穗长15～16 cm，基部剪成马耳形，留2片叶，用100 mg/L NAA激素处理18小时，按10 cm×20 cm株行距斜插于黄泥土基质的插床中，倾斜角约45°，扦插深度为插穗的2/3，插后淋透水，荫蔽度为90%，其余按常规管理。

③嫁接育苗。选择生长良好的山茶花作为砧木，在砧木上选择约2 cm粗的枝条，在枝条上切一个"T"形口，将金花茶的小芽插入，用塑料袋缠绕好。半个月左右伤口即可愈合，25天左右取下塑料袋。后续加强通风，增强阳光照射，发芽后正常养护。

（5）移栽

2—4月按（2.5～3.5）m×（2.5～3.5）m的株行距挖50 cm×50 cm×50 cm的种植穴。容器苗移栽时先将外层的塑料膜等去除，再将苗木放入种植穴，回填表土至高于根颈2～4 cm，稍加压实后浇透定根水。裸根苗移栽时先用生根粉泥浆浆根，再放入种植穴中，边回土边压实。种后40天左右检查苗木成活率，发现死苗后及时清理并补种。

（6）田间管理

①水。金花茶喜湿润环境，在缺雨的天气需及时灌溉（一般在晴天早晚各浇水1次），在秋季特别干旱的季节更应采取灌水的方法进行补水。

②肥。3月春梢萌发前、6月花芽形成时各施1次复合肥料，施肥量为25 g/株；9月花蕾生长期施1次复合肥料，施肥量为10 g/株。水肥每3个月施1次，滴灌结合浇水进行，薄肥勤施。

③遮阴保温。新种植的金花茶需进行遮阴处理，遮阴度以 40% ～ 60% 为宜，温度以 15 ～ 25 ℃为宜。成年林遮阴度以 40% ～ 50% 为宜。高温干旱季节需喷水降温。

④除草。金花茶栽植后前 3 年每年除草 2 次，即 3—4 月和 9—11 月各 1 次，后期每年 6—7 月除草 1 次即可，耕作深度为 8 ～ 12 cm。

⑤修枝整形。种植后第 2 年冬季或第 3 年早春进行定干，保持枝下高 40 ～ 50 cm，后期不定期修剪病枝、枯枝和徒长枝，每年截顶压枝 1 次，将树高控制在 3 m 以内。每次修剪后宜喷施百菌清 1000 倍液进行消毒。

⑥疏花。金花茶每年 7—8 月开始现蕾，可根据植株长势和花蕾数量进行疏蕾，优先摘除弱枝花蕾、过密花蕾及弱小花蕾。

（7）病虫害防治

金花茶栽培中需重点防治的病害为叶枯病、藻斑病、炭疽病，主要虫害为茶蚜、茶小卷叶蛾等。每年 3 月、6 月和 9 月对金花茶全株喷施 1 次 0.1% ～ 0.2% 硫酸亚铁或硫酸镁溶液，防治上述病菌；每年 4 月和 8 月各喷施 2 次环氧虫啶和茶皂素 1∶10 复配的农药，防治上述虫害。

5. 采收质量管理规范

（1）采收时间

金花茶叶全年都可采摘；金花茶花朵采收一般在盛花期进行，即 11 月至翌年 3 月，一般只采完全盛开的花朵，对于未张开的花朵留待采摘。

（2）采收方法

将金花茶叶整片采下即可；将整朵花直接采收，采摘后要及时对花朵进行加工处理，防止其变黑霉烂。

（3）保存方法

采收后的叶片、金花茶花朵需及时进行晾晒烘干，分装保存。

金樱子

【拉丁学名】*Rosa laevigata* Michx.。

【科属】蔷薇科（Rosaceae）蔷薇属（*Rosa*）。

1. 形态特征

常绿攀缘灌木。植株高可达 5 m。小枝粗壮，散生扁弯皮刺，无毛，幼时被腺毛，老时逐渐脱落减少。小叶革质，通常 3 枚，稀 5 枚，连叶柄长 5 ～ 10 cm；小叶片椭圆状卵形、倒卵形或披针状卵形，长 2 ～ 6 cm，宽 1.2 ～ 3.5 cm，先端急尖或圆钝，稀尾状渐尖，边缘有锐锯齿，腹面亮绿色，无毛，背面黄绿色，幼时沿中肋有腺毛，老时逐渐脱落无毛；小叶柄和叶轴有皮刺和腺毛；托叶离生或基部与叶柄合生，披针形，边缘有细齿，齿尖有腺体，早落。花单生于叶腋，直径 5 ～ 7 cm；花梗长 1.8 ～ 2.5 cm，偶有 3 cm 者，花梗和萼筒密被腺毛，随果实成长变为针刺；萼片卵状披针形，先端呈叶状，边缘羽状浅裂或全缘，常有刺毛和腺毛，内面密被柔毛，比花瓣稍短；花瓣白色，宽倒卵形，先端微凹；雄蕊多数；心皮多数，花柱离生，有毛，比雄蕊短很多。果梨形、倒卵形，稀近球形，紫褐色，外面密被刺毛，果梗长约 3 cm，萼片宿存。花期 4—6 月，果期 7—11 月。

2. 分布

金樱子在中国分布于陕西、安徽、江西、江苏、浙江、湖北、湖南、广东、广西、台湾、福建、四川、云南、贵州。喜生于向阳的山野、田边、溪畔灌木丛中，海拔 200 ～ 1600 m。

3. 功能与主治

金樱子具有固精缩尿、固崩止带、涩肠止泻的功效，主治遗精滑精、遗尿尿频、崩漏带下、久泻久痢等症。

4. 种植质量管理规范

（1）种植地选择

选择排水良好、疏松肥沃、向阳的缓坡地，丘陵或平地种植。

（2）整地

按株行距 80 cm×150 cm 开穴，穴径和穴深均为 50 cm。每穴施入腐熟的农家肥 5 ～ 6 kg，与底土拌匀。

（3）栽植

每穴栽壮苗 1 株，把苗木放入种植穴的中心，扶正，保持根系舒展，填土到 2/3 左右时把苗木向上略提，使土壤紧实，然后填土到穴满，再紧实土壤，最后在植穴表面覆一层松土。栽后浇足定根水。

（4）田间管理

①水。若遇干旱，要及时灌溉保苗。雨季要及时疏沟排水，防止积水。

②肥。施肥结合中耕除草进行，每年春季、夏季于行间开沟，长、宽、深为 20 cm×15 cm×20 cm，施入适量腐熟人畜粪水再盖土。秋季于根际周围开环状沟，施入适量复合肥料后培土。

③除草。定植后 1 ～ 3 年，每年春季、夏季、秋季各中耕除草 1 次，第 4 年植株封行后减少中耕除草次数。

④整形修剪。栽植当年，要对金樱子进行定杆，主杆长 30 ～ 40 cm。每年冬季要剪除枯枝、重叠枝、病虫枝和徒长枝。对生长健壮的长枝进行短截。株高 1 m 左右时，适当剪顶。

（5）病害防治

夏季高温高湿时常有白粉病发生。当发现嫩叶扭曲或局部生有白色粉层时，立刻喷施 75% 百菌清可湿性粉剂 1000 倍液，隔 5 ～ 8 天 1 次，直到病害消失。

5. 采收质量管理规范

（1）采收时间

10—12 月当果皮变为黄红色时及时采收。

（2）采收方法

果实直接采收后带回加工。根可在秋冬季采果后挖取，除去须根和泥土。

（3）保存方法

果实采回后，薄薄地摊放在晒场上晾晒半个小时，然后用木板搓除毛刺，或放入竹篓内削除毛刺，晒干后即可销售或深加工。

6. 质量要求及分析方法

【性状】本品为花托发育而成的假果，呈倒卵形，长 2.0～3.5 cm，直径 1～2 cm。表面红黄色或红棕色，有突起的棕色小点，系毛刺脱落后的残基。顶端有盘状花萼残基，中央有黄色柱基，下部渐尖。质硬。切开后，花托壁厚 1～2 mm，内有多数坚硬的小瘦果，内壁及瘦果均有淡黄色茸毛。气微，味甘、微涩。

【鉴别】

①花托壁横切面：外表皮细胞类方形或略径向延长，外壁及侧壁增厚，角质化；表皮上的刺痕纵切面细胞径向延长。皮层薄壁细胞壁稍厚，纹孔明显，含有油滴，并含橙黄色物，有的含草酸钙方晶和簇晶；纤维束散生于近皮层外侧；维管束多存在于皮层中部和内侧，外韧型，韧皮部外侧有纤维束，导管散在或呈放射状排列。内表皮细胞长方形，内壁增厚，角质化；有木化的非腺毛或具残基。

花托粉末淡肉红色。非腺毛单细胞或多细胞，长 505～1836 μm，直径 16～31 μm，壁木化或微木化，表面常有螺旋状条纹，胞腔内含黄棕色物。表皮细胞多角形，壁厚，内含黄棕色物。草酸钙方晶多见，长方形或不规则形，直径 16～39 μm；簇晶少见，直径 27～66 μm。螺纹导管、网纹导管、环纹导管及具缘纹孔导管直径 8～20 μm。薄壁细胞多角形，木化，具纹孔，含黄棕色物。纤维梭形或条形，黄色，长至 1071 μm，直径 16～20 μm，壁木化。树脂块不规则形，黄棕色，半透明。

②取本品粉末 2 g，加乙醇 30 mL，超声处理 30 分钟，滤过，滤液蒸干，残渣加水 20 mL 使溶解，用乙酸乙酯振摇提取 2 次，每次 30 mL，合并乙酸乙酯液，蒸干，残渣加甲醇 2 mL 使溶解，作为供试品溶液。另取金樱子对照药材 2 g，同法制成对照药材溶液。照薄层色谱法（通则 0502）试验，吸取上述 2 种溶液各 2 μL，分别点于同一硅胶 G 薄层板上，以三氯甲烷 - 乙酸乙酯 - 甲醇 - 甲酸（5：5：1：0.1）为展开剂，展开，取出，晾干，喷以 10% 硫酸乙醇溶液，在 105 ℃加热至斑点显色清晰。供试品色谱中，在与对照药材色谱相应的位置上，显相同颜色的斑点。

【检查】水分不得过 18.0%（通则 0832 第二法），总灰分不得过 5.0%（通则 2302）。

【含量测定】

对照品溶液的制备：取经 105 ℃干燥至恒重的无水葡萄糖 60 mg，精密称定，置 100 mL 量瓶中，加水溶解并稀释至刻度，摇匀，即得（每 1 mL 含无水葡萄糖 0.6 mg）。

标准曲线的制备：精密量取对照品溶液 0.5 mL、1.0 mL、1.5 mL、2.0 mL、2.5 mL，分别置 50 mL 量瓶中，各加水至刻度，摇匀。分别精密量取上述溶液 2 mL，置具塞试管中，各精密加 4% 苯酚溶液 1 mL，混匀，迅速精密加入硫酸 7 mL，摇匀，置 40 ℃水浴中保温 30 分钟，取出，置冰水浴中放置 5 分钟，取出，以相应试剂为空白，照紫外 – 可见分光光度法（通则 0401），在 490 nm 的波长处测定吸光度，以吸光度为纵坐标，浓度为横坐标，绘制标准曲线。

测定法：取金樱子肉粗粉约 0.5 g，精密称定，置具塞锥形瓶中，精密加水 50 mL，称定重量，静置 1 小时，加热回流 1 小时，放冷，再称定重量，用水补足减失的重量，摇匀，滤过，精密量取续滤液 1 mL，置 100 mL 量瓶中，加水至刻度，摇匀，精密量取 25 mL，置 50 mL 量瓶中，加水至刻度，摇匀，精密量取 2 mL，置具塞试管中，照标准曲线的制备项下的方法，自"各精密加 4% 苯酚溶液 1 mL 起"，依法测定吸光度，从标准曲线上读出供试品溶液中金樱子多糖的重量（μg），计算，即得。

本品金樱子肉按干燥品计算，含金樱子多糖以无水葡萄糖（$C_6H_{12}O_6$）计，不得少于 25.0%。

茎花山柚

【拉丁学名】*Champereia manillana*（Blume）Merr. var. *longistaminea*（W. Z. Li）H. S. Kiu。

【科属】山柚子科（Opiliaceae）台湾山柚属（*Champereia*）。

1. 形态特征

灌木或小乔木。植株高 2～10 m。小枝光滑。叶互生，全缘，纸质，披针状长圆形或卵形，长 8～13 cm，宽 3～6 cm，侧脉每边 5～9 条。花小，杂性异株（两性花、雌花），圆锥花序、开展，着生于老茎或主干上；雌花花序密集，主轴有时被微柔毛，圆锥花序长 8～20 cm；苞片披针形，长 0.5 mm。花 4～6 朵，通常 5 朵；苞片小，早落；两性花花梗长 1～2 mm；花被片长 1.5～1.7 mm，常反折；花丝长、丝状，子房半下位，生于一个肉质、环状的花盘上；柱头无柄；雌花具有退化雄蕊，雄蕊长 1.5～1.7 mm，花盘分裂。核果，具短梗，椭圆形，外果皮薄，内果皮肉质，中果皮木质；胚根小，核果橙黄色，长 2.2～2.5 cm，直径 1.5～1.7 cm。花期 4 月，果期 6—7 月。

2. 分布

茎花山柚主要分布于热带、南亚热带、中亚热带地区，在国外分布于尼泊尔、印度东北部、缅甸、泰国、越南、马来西亚、印度尼西亚等；在中国主要分布在云南东南部和广西西南部。一般混生于海拔 800～1700 m 的常绿阔叶林中，多见于河谷密林或石缝间隙中。

3. 功能与主治

茎花山柚主要用于预防心脑血管疾病、糖尿病，改善肾功能，降血压等。

4. 种植质量管理规范

（1）种植地选择

选择海拔 1500 m 以下、年降水量 750 cm 以上、土壤类型为沙壤土或紫色土（潮湿）、具有一定上层木的疏林地或灌木林地种植。

（2）整地栽植

种植前 20 天挖种植沟，首先撩壕整地，宽 60 cm、深 60 cm，然后挖种植沟，规格为 60 cm×60 cm×60 cm。

（3）栽植

株行距以 2.0 m×1.5 m 为宜，每亩种植 220 株左右。

（4）田间管理

人工栽培过程中宜选择具备林下遮阴条件的疏林地或进行适度的遮阴。注意施肥以促进其营养生长。进行园艺化修剪，以增加嫩芽的采摘量。对定植后的地块要采取一定的防护措施，禁止牛、羊等牲畜进入。

5. 采收质量管理规范

（1）采收时间

嫩芽一般为每年 3—8 月采摘，果实一般为 6 月中下旬至 7 月上旬采摘。

（2）采收方法

嫩芽萌发的时间长达 8 个月，可多次采摘，嫩芽的采摘以指甲能轻松掐断为宜；果实由绿色变黄色、有香味时即可进行采摘。

（3）保存方法

嫩芽采摘后烹饪食用或及时上市；果实采摘后及时摊晾风干或者冷藏，防止果实发酵腐烂。

蕨

【拉丁学名】*Pteridium aquilinum* var. *latiusculum*（Desv.）Underw. ex A. Heller。

【科属】蕨科（Pteridiaceae）蕨属（*Pteridium*）。

1. 形态特征

多年生草本。根茎长，粗壮，匍匐，茎大多埋于地下，被茸毛。叶柄疏生，粗壮直立，长 30 ～ 100 cm，裸净，褐色或麦秆黄色；叶呈三角形或阔披针形，革质，3 回羽状复叶，长 30 ～ 100 cm，宽 20 ～ 60 cm；羽片顶端不分裂，其下羽状分裂，下部羽状复叶，在最下部最大；小羽片线形、披针形或长椭圆状披针形，长 1.0 ～ 2.5 cm，宽 3 ～ 5 mm，多数，密集；叶轴裸净；叶脉多数，密集，通常叉状分枝，中脉被毛。孢子囊群沿叶缘着生，呈连续长线形，囊群盖线形，有变质的叶缘反折而成的假盖。

2. 分布

蕨分布于热带、亚热带及温带地区；在中国各地均有分布，主要分布于长江流域及其以北地区。常见于海拔 200 ～ 830 m 的山地阳坡及森林边缘阳光充足的地方。

3. 功能与主治

蕨具有清热利湿、消肿、安神的功效，主治发热、痢疾、湿热黄疸、高血压、头昏失眠、风湿性关节炎、白带异常、痔疮、脱肛等症。

4. 种植质量管理规范

（1）种植地选择

选择土层深厚、土质肥沃、排水良好、保水保肥、土壤 pH 值为 6 ～ 7 的中性和偏酸性土壤的缓坡、半阴坡或缓平地块种植。

（2）整地

整地时施入腐熟的优质农家肥 45000 ～ 75000 kg/hm²，深翻 20 cm，耙细整平，使土肥混合均匀。南北向做畦备用，畦为宽 1.0 ～ 1.5 m 的高畦或平畦。

（3）育苗

春季栽植时，在畦面上开 10 ～ 15 cm 深的沟，行距 60 ～ 80 cm，将根状茎按株距 20 cm 平顺栽于沟中，覆土厚 5 ～ 8 cm，并在畦上覆盖地膜或 3 cm 厚的稻草，以保温保湿。栽植密度以每公顷 13.5 万～ 16.5 万株为宜。

（4）定植

5 月中上旬，待叶片长到 10 cm 以上、叶柄基本纤维化后，将幼苗定植到整好的田中。

（5）田间管理

①水。移栽时保持土壤湿润，并适当遮阴。移栽后及采收期间要经常喷水，保持土壤湿润，但不要过湿，以防烂根、烂芽。

②肥。育苗和分苗床可喷施 0.1% ～ 0.2% 尿素液或 0.1% 磷酸二氢钾液、0.2% 过磷酸钙液以满足幼苗生长的需要。定植后追施尿素 1 ～ 2 次，施肥量为 112.5 ～ 150.0 kg/hm^2。

③除草。当蕨芽拱土时，除去覆草，同时进行除草松土，以促进幼苗生长。

④分苗。当幼苗长到 4 ～ 5 cm 时结合间苗进行分苗，将幼苗育苗床移入分苗床中继续培育，株行距均为 8 cm。

（6）病虫害防治

栽培条件适宜时，较少发生病虫害。展叶后易发生蚜虫，可用 10% 吡虫啉可湿性粉剂 10 ～ 20 g 兑水雾喷。

5. 采收质量管理规范

（1）采收时间

每年 4—6 月，当蕨菜出土 20 ～ 25 cm 高、叶片尚未伸展呈抱拳状时为最佳采收期。

（2）采收方法

采摘前配制好 2.5% 氯化钠和 10% 柠檬水混合液，采摘时需戴手套。选择长势良好、鲜嫩壮实且没有病虫害的植株，把根状茎 2 cm 以上部位的嫩茎叶折断，立即将伤口部置入准备好的溶液中，浸泡 30 分钟，避免其变色，然后使用铺设有湿布和柔软青草的背篓运回。供鲜食的要随用随采；供加工腌渍的要扎成 6 cm 粗的小把（加工干菜的可不扎把），当日采收的要当日加工。

（3）保存方法

可采取 2 次盐渍法进行腌渍后包装保存，也可用沸水浸烫后晒干保存，还可装袋进行保鲜加工后打包入库。

黧豆

【拉丁学名】*Mucuna pruriens* var. *utilis*（Wall. ex Wight）Baker ex Burck。

【科属】豆科（Fabaceae）油麻藤属（*Mucuna*）。

1. 形态特征

1 年生缠绕藤本。枝略被开展的疏柔毛。羽状复叶具小叶 3 片；小叶长 6 ~ 15 cm 或过之，宽 4.5 ~ 10.0 cm，长度少有超过宽度的一半，顶生小叶明显地比侧生小叶小，卵圆形或长椭圆状卵形，基部菱形，先端具细尖头，侧生小叶极偏斜，斜卵形至卵状披针形，先端具细尖头，基部浅心形或近截形，两面均薄被白色疏毛；侧脉通常每边 5 条，近对生，凸起；小托叶线状，长 4 ~ 5 mm；小叶柄长 4 ~ 9 mm，密被长硬毛。总状花序下垂，长 12 ~ 30 cm，有花 10 ~ 20 多朵；苞片小，线状披针形；花萼阔钟状，密被灰白色小柔毛和疏刺毛，上部裂片极阔，下部中间 1 枚裂片线状披针形，长约 8 mm；花冠深紫色或带白色，常较短，旗瓣长 1.6 ~ 1.8 cm，翼瓣长 2.0 ~ 3.5 cm，龙骨瓣长 2.8 ~ 3.5（~ 4.0）cm。荚果长 8 ~ 12 cm，宽 18 ~ 20 mm，嫩果膨胀，绿色，密被灰色或浅褐色短毛，成熟时稍扁，黑色，有隆起纵棱 1 ~ 2 条。种子 6 ~ 8 粒，长圆状，长约 1.5 cm，宽约 1 cm，厚 5 ~ 6 mm，灰白色，淡黄褐色，浅橙色或黑色，有时带条纹或斑点，种脐长约 7 mm，浅黄白色。花期 10 月，果期 11 月。

2. 分布

黧豆分布于亚洲热带、亚热带地区，在中国分布于广东、海南、广西、四川、贵州、湖北和台湾。生长于亚热带石山区，属喜温暖湿润气候的短日照植物，对土壤要求不严，多生长在裸露石山、石缝以及石山坡底的砾石屑中，有极强的耐旱、耐瘠薄性。

3. 功能与主治

黧豆具有温中益气的功效，主治腰脊酸痛等症。

4. 种植质量管理规范

（1）种植地选择

选择土层深厚、土壤肥沃、阳光充足、排灌方便的壤土地块种植。

（2）整地

每公顷施腐熟农家肥 12000～15000 kg、钙镁磷肥 300 kg、硫酸锌 10～15 kg 作基肥，偏酸性土壤还可施生石灰 400 kg。深翻 25 cm，细耙后整成宽 150 cm、沟宽 30 cm 的垄。每垄种 2 行，按行距 100～120 cm、株距 50～60 cm 开 6～8 cm 的浅穴。

（3）播种

果实成熟前选择优良种性的植株留种，果实成熟后成串采回放在通风阴凉处晾 5～7 天，然后晒干脱粒。播种前选择籽粒饱满、无破损、无蛀虫的籽粒作种，并于播前选择晴天晒种 1～2 天，提高种子发芽率。3 月底至 4 月上旬进行播种，每穴播 2～3 粒种子，播后覆 3～5 cm 厚的细土。

（4）田间管理

①水。播种后保持土壤湿润，以利于出苗。多雨天气及时排除积水。

②肥。播种时施 1 次农家肥（草木灰等），每穴施 0.25～0.50 kg，或每亩施过磷酸钙 30～40 kg、氯化钾 10～12 kg。幼苗期在第一复叶初露时每公顷用尿素 2～3 kg，后期于始花期和结荚期每公顷穴施或沟施复合肥料（15：15：15）225～300 kg。

③中耕除草。苗高 10 cm 左右时开始中耕除草，整个生长过程需进行 3～4 次。

④间苗补苗。播种后 20 天左右进行间苗，去弱留壮，每穴留 1 株。间苗后用 2% 的稀薄人粪水穴浇定根水，缺苗处进行补苗，且用树叶遮盖 3～5 天，以提高成活率。

⑤搭架、引蔓上棚。当苗长至 5～6 片叶时，对主茎进行打顶（侧枝无须打顶）；当茎蔓长至 25 cm 左右时，用竹竿等物搭成"人"字架或"∏"字形架，以便引蔓上棚，藤蔓支架的高度以人站在地上方便采摘果荚为宜。

（5）病虫害防治

病害主要有根腐病、叶斑病、锈病、病毒病和霜霉病等。根腐病可用 75% 百菌清可湿性粉剂 1000 倍液喷施，叶斑病发病初期用 50% 多菌灵可湿性粉剂 1000 倍液喷施，锈病发病初期用 50% 萎锈灵乳油 1000 倍液喷施，病毒病发病时用 20% 病毒 A 可湿性粉剂 800 倍液或用 50% 福美霜可湿性粉剂 1500 倍液喷施。这些药剂需连续喷施 2～3 次，每次间隔 5～7 天。

虫害主要有跳甲类、豆荚螟、蚜虫和红蜘蛛等，可用15%哒螨灵乳油3000倍液兑水40～60 kg，均匀喷雾。

5. 采收质量管理规范

（1）采收时间
8—11月当豆荚饱满、颜色由绿转淡、表面茸毛略变黄、种子显露时即可采收。

（2）采收方法
带果荚成串采收。

（3）保存方法
豆荚采后在沸水中烫煮20～25分钟，趁热撕去有茸毛的外皮，用清水浸泡至少24小时，期间多次换水漂洗，直到漂洗不出黑色再上市销售。

凉粉草

【拉丁学名】*Mesona chinensis* Benth.。

【科属】唇形科（Lamiaceae）凉粉草属（*Mesona*）。

1. 形态特征

草本，直立或匍匐。茎高 15～100 cm，分枝或少分枝，茎、枝四棱形，有时具槽，被脱落的长疏柔毛或细刚毛。叶狭卵圆形至阔卵圆形或近圆形，长 2～5 cm，宽 0.8～2.8 cm，在小枝上者较小，先端急尖或钝，基部急尖、钝或有时圆形，边缘具或浅或深锯齿，纸质或近膜质，两面被细刚毛或柔毛，或仅沿背面脉上被毛，或变无毛，侧脉 6～7 对，与中肋在腹面平坦或微凹背面微隆起；叶柄长 2～15 mm，被平展柔毛。轮伞花序多数，组成间断或近连续的顶生总状花序，此花序长 2～10（13）cm，直立或斜向上，具短梗；苞片圆形或菱状卵圆形，稀为披针形，稍超过或短于花，具短或长的尾状突尖，通常具色泽；花梗细，长 3～4（5）mm，被短毛。花萼开花时钟形，长 2.0～2.5 mm，密被白色疏柔毛，脉不明显，二唇形，上唇 3 裂，中裂片特大，先端急尖或钝，侧裂片小，下唇全缘，偶有微缺，果时花萼筒状或坛状筒形，长 3～5 mm，10 脉及多数横脉极明显，其间形成小凹穴，近无毛或仅沿脉被毛；花冠白色或淡红色，小，长约 3 mm，外面被微柔毛，内面在上唇片下方冠筒内略被微柔毛，冠筒极短，喉部极扩大，冠檐二唇形，上唇宽大，具 4 齿，2 侧齿较高，中央 2 齿不明显，有时近全缘，下唇全缘，舟状；雄蕊 4 枚，斜外伸，前对较长，后对花丝基部具齿状附属器，其上被硬毛，花药汇合成一室；花柱远超出雄蕊之上，先端不相等 2 浅裂。小坚果长圆形，黑色。花、果期 7—10 月。

2. 分布

凉粉草在中国分布于广西西部、台湾、浙江、江西、广东。常生于水沟边及干沙地草丛中。

3. 功能与主治

凉粉草具有清热利湿、凉血解暑的功效，主治急性风湿性关节炎、高血压、中暑、感冒、黄疸、急性肾炎、糖尿病等症。

4. 种植质量管理规范

（1）种植地选择

选择水源充足，排灌方便，土层深厚、疏松、肥沃的山坡和谷底种植，尤其以林木砍伐后的迹地或芦苇、茅草地为最佳。

（2）整地

多次翻耕碎土，连续晒土 10 天以上。定植前要再次犁地，连续晒土 10 天以上，每亩施入腐熟农家肥 1000 ~ 2000 kg、磷肥 100 kg 作基肥，将肥料与土耙均匀，整成宽 1.2 m、高 30 cm 的畦。种植前 1 星期喷除草剂草甘膦和乙草胺杀灭生草和草籽，以减少种植后的除草工作量。

（3）育苗

生产上一般采用分株育苗，即待宿根不定芽萌发后，每 10 天用 2% 尿素液浇施 1 次，苗高 10 ~ 15 cm 时，分取有根苗作种。

（4）定植

3—4 月，气温超过 15 ℃时，选择阴天进行定植。移栽前 1 天将苗床浇透水，以便带土起苗。按株行距（25 ~ 30）cm×（30 ~ 40）cm 透过地膜开穴种植，且穴口四周需覆土压实，只留小苗外露。定植后浇足定根水。

（5）田间管理

①水。种植成活后保持土壤湿润，含水量保持在 60% ~ 80%，干旱要淋水，雨季要及时排除积水（凉粉草的根不耐涝，水浸易烂根）。

②肥。种后 15 天左右可结合中耕除草淋施稀薄的复合肥料溶液，每亩用肥 10 ~ 15 kg，以促进幼苗生长。

③补苗。定植后 7 ~ 10 天进行全面检查，及时拔除死苗并补种长势相近的苗木。

④除草。及时除去畦上和沟边杂草，不可使用除草剂。

（6）病虫害防治

病害主要有青枯病、锈病。发现青枯病病株立即拔除烧毁，并在种植穴散施石灰和石灰乳或用铜铵合剂或 0.5% ~ 1.0% 硫酸铜液消毒。锈病发病初期可喷施 200 倍波尔多液 2 ~ 3 次。

虫害主要有尺蠖、地老虎等。尺蠖在大暑、白露间危害较重，可捕杀之。地老虎在生长期间危害根、茎，可用敌百虫及鲜草毒饵进行防治。

5. 采收质量管理规范

（1）采收时间与方法

在现花蕾前采收，1年可收4～5茬。

（2）采收方法

枝条长35～50 cm时可进行收割，收割时保留小苗，留茬5 cm，割后及时补施有机肥料和复合肥料，促进下一茬生长。广西东南地区一般在45天左右能收割1次。收割下的凉粉草要及时晒干，除去杂草直接整齐排放在地里晒至七八成干后，除去根上泥土扎成小把，每25～30 kg扎成1捆，继续晾晒。

（3）保存方法

晒干后的凉粉草即可按要求包装上市销售。如暂时未销售的凉粉草要放到阴凉干燥通风的室内贮藏，地面要垫高，避免在贮藏过程中受潮而发霉变质。

<h1>亮叶杨桐</h1>

【拉丁学名】 *Adinandra nitida* Merr. ex Li。

【科属】 山茶科（Theaceae）杨桐属（*Adinandra*）。

1. 形态特征

灌木或乔木。植株高 5 ～ 20 m，胸径可达 50 cm。树皮灰色，平滑；全株除顶芽近顶端被黄褐色平伏短柔毛外，其余均无毛；枝圆筒形，小枝灰色或灰褐色，1 年生新枝紫褐色；顶芽细锥形。叶互生，厚革质，卵状长圆形至长圆状椭圆形，长 7 ～ 13 cm，宽 2.5 ～ 4.0 cm，顶端渐尖，基部楔形，边缘具疏细齿，腹面暗绿色，背面淡绿色，两面均无毛，仅嫩叶初时背面疏被平伏短柔毛，迅即脱落变无毛；中脉在腹面平贴，在背面凸起，侧脉 12 ～ 16 对，干后两面稍明显；叶柄长 1.0 ～ 1.5 cm。花单朵腋生，花梗长 1 ～ 2 cm；小苞片 2 枚，卵形至长圆形，长 6 ～ 10 mm，宽 3 ～ 5 mm，顶端尖或钝圆，宿存；萼片 5 枚，卵形，长约 15 mm，宽 7 ～ 9 mm，顶端尖，具小尖头；花瓣 5 枚，白色，长圆状卵形，长 17 ～ 19 mm，宽 9 ～ 12 mm，顶端钝或近圆形，背面无毛；雄蕊 25 ～ 30 枚，长 6 ～ 11 mm，花丝长 2 ～ 5 mm，中部以下连合，并与花冠基部相连，上半部疏被毛或几无毛，花药线状披针形，长 4 ～ 6 mm，被丝毛，顶端有小尖头；子房卵圆形，无毛，3 室，胚珠每室多数，花柱长约 10 mm，无毛，顶端 3 分叉。果球形或卵球形，熟时橙黄色或黄色，直径约 15 mm。种子多数，褐色，具网纹。花期 6—7 月，果期 9—10 月。

2. 分布

亮叶杨桐在中国分布于广东南部和中部（惠阳、鼎湖山、阳春、温塘山、茂名、英德）、广西南部和东部（平南、大苗山、罗城、龙胜、南宁、金秀、桂平、防城、上思、十万大山、象州）及贵州东南部（独山、从江、荔波、榕江）等地。常生长于海拔 500 ～ 1000 m 的沟谷溪边、林缘、林中或岩石边。

3. 功能与主治

亮叶杨桐具有清热解毒、护肝明目、消炎、降血压、减脂、健胃消食等功效，主治咽喉炎、肥胖症、糖尿病、高血压、高血脂等症。

4. 种植质量管理规范

（1）种植地选择

选择土壤深厚、有机质丰富、pH 值为 4.5 ～ 5.5、排灌良好的地块种植。

（2）种植

春季 1—3 月种植。采用单株、单行种植，株行距为 1.5 m×1.5 m，种植密度为 3750 ～ 5250 株 /hm²。种植时先挖深 50 cm 的小坑，施基肥后回土混匀，然后将亮叶杨桐苗置于坑中央，保持根系舒展，且苗的根系不与基肥直接接触，以免发生烧苗现象。植后浇足定根水，遮阳 30 ～ 40 天。

（3）田间管理

①水肥。1 年生苗应多施水肥，每 50 kg 粪水加入复合肥料 120 ～ 150 g 充分稀释后灌根。11 月左右挖沟施腐熟农家肥或商品有机肥料作冬肥，用量分别为 22 ～ 38 t/hm² 和 2250 ～ 3750 kg/hm²，施下后盖土。

②整形修剪。幼龄树定型经历 3 次修剪：第 1 次定型修剪在幼苗期进行，即在苗高 30 cm 的高度处剪去顶芽梢和侧芽梢；第 2 次在上次的剪口上提高 10 ～ 20 cm，剪去多余的枝叶；按第 2 次修剪方式进行第 3 次修剪。壮年期树的修剪为轻修剪和重修剪相结合：轻修剪是在上年剪口处上部 4 ～ 6 cm 处平剪，为调整树冠；半衰老和未老先衰的树采用重修剪，剪去树冠的 1/3 ～ 1/2，以便更好复壮。

③培土。冬季在茶树周围或园外挖取疏松的土壤培厚茶树基部。如有土杂肥，可施用土杂肥后再进行培土。

（4）虫害防治

以物理防治为主，可采用诱虫灯、诱虫黄板等进行防治。

5. 采收质量管理规范

（1）采收时间

于清明节前后进行采收。

（2）采收方法

人工采收亮叶黄桐的鲜叶。

（3）保存方法

采收后及时将鲜叶进行摊青、杀青、揉捻、炒干及烘干，然后装于塑料袋内后用铝箔袋、金属罐装或低温贮存。

罗汉果

【拉丁学名】*Siraitia grosvenorii*（Swingle）C. Jeffrey ex Lu et Z. Y. Zhang。

【科属】葫芦科（Cucurbitaceae）罗汉果属（*Siraitia*）。

1. 形态特征

攀缘草本。根多年生，肥大；茎、枝有棱沟，常被红色或黑色疣状腺鳞，或者无腺鳞。叶具长柄，叶背面密布红色或黑色疣状腺鳞或稀无腺鳞；叶片膜质或纸质，卵状心形或长卵状心形，不分裂、稀有不规则波状浅裂或极稀3浅裂，边缘有稀疏小齿；卷须分2叉，或极稀不分叉，在分叉点上下同时旋卷。雌雄异株。雄花序总状或圆锥状，常具1～2枚叶状苞片；花萼筒短钟状或杯状，裂片5枚，扁三角形、三角状披针形至披针形；花冠黄色，裂片5枚，长圆形或卵状披针形，显著长于花萼裂片或稀近等于花萼裂片，基部常具3～5枚鳞片；雄蕊5枚，两两基部靠合，1枚分离，花丝基部膨大，花药1室，药室"S"形折曲或弓曲；雌花单生、双生或数朵生于一总梗顶端；退化雄蕊3～5枚，腺体状；花萼裂片和花冠裂片形状似雄花但较之为大；子房卵球形或长卵形，花柱短粗，3浅裂，柱头膨大，2裂；胚珠多数，水平生。果实球形、扁球形或长圆形，果梗较粗壮。种子多数，水平生，近圆形或卵形，表面具沟纹或平滑，无翅或稀具木栓质翅。

2. 分布

罗汉果在中国分布于湖南南部、贵州、广西、广东和江西，在广西永福、临桂等地已作为重要经济植物栽培。常生于海拔400～1400 m的山坡林下及河边湿地、灌丛。

3. 功能与主治

罗汉果具有清热润肺、滑肠通便的功效，主治肺火燥咳、咽痛失音、肠燥便秘等症。

4. 种植质量管理规范

（1）种植地选择

宜选坡度 45° 以下、背风向阳、土层肥沃的丘陵坡地、旱地种植，不宜选择地力贫瘠、排水不良的地块。

（2）苗木选择

青皮果和白毛果为栽培的主要品种。雄株宜选高 15 cm 以上、根系发达、茎粗、顶芽壮、无病虫害且充分炼苗的健壮苗；雌株宜选开花早、花粉多、花期长的品种，有 4 ～ 5 片真叶、叶片深绿色、根系发达、无病虫害的健壮苗。雌雄株的比例为 100：2。

（3）整地

种植前 1 年秋冬季进行全园开垦，土壤深翻 30 cm 以上。种植当年 1—2 月将土块整细，耙平，然后清除石头等杂物。按等高线起畦，畦面宽 100 ～ 200 cm，畦高 20 ～ 30 cm，畦沟宽 50 ～ 60 cm。周围开好排水沟。挖种植坑，坑长 50 cm、宽 50 cm、深 30 cm。每个种植坑施入腐熟的有机肥料 6 ～ 10 kg、磷肥 0.25 kg，与土壤充分拌匀。

（4）栽植

清明前后选择长势一致的组培苗，按株行距 160 cm×400 cm、170 cm×400 cm 或 200 cm×300 cm 种植，旱地、坡地每亩种植约 110 株，水田每亩种植 100 株。栽种时让根系舒展开，种植后浇足定根水，同时加淋生根剂。

（5）田间管理

①水。罗汉果喜潮湿，忌积水，种植后要保持根部泥土湿润，干旱及时补水，并保持排水沟畅通。开花结果期土壤以湿润为主，切忌漫灌，否则易发病害。秋季需适时灌溉。

②肥。苗长至 30 cm 时追施速效磷钾肥，主蔓距顶棚 30 cm 时施促花肥，现蕾盛期施腐熟的有机肥料，盛花期追施硫酸钾。

③中耕除草。4—7 月雨后结合除草浅耕 2 ～ 3 次，保持土壤疏松，增强透气性，清除杂草以防止抢肥；9 月以后天气较为干旱，浅中耕 1 次。

④光、温度。罗汉果幼苗期喜弱光，可通过遮阴网遮挡阳光。罗汉果喜阴忌高温，气温最好保持在 23 ～ 28 ℃。

⑤套袋、引蔓上棚及抹除侧芽。罗汉果苗定植后，在四周各插 1 根长约 80 cm 的主杆，上面套上 50 cm×50 cm 的塑料通袋，然后将通袋下方的周边埋入土中，通袋

上方根据天气情况打开或扎紧。苗高在 20 cm 以上时将其固定在长枝上。当苗高至 50 cm 左右时除去塑料袋，并及时抹去侧芽。

⑥整形修剪。主蔓上棚之前，抹除全部侧蔓；主蔓上棚后并在棚面长到 5 ～ 6 节时进行打顶；当二级侧蔓长至 6 ～ 10 节、尚未出现花蕾时继续打顶。最终每株保留结果蔓 15 ～ 20 根，且每条结果蔓有 8 ～ 12 个健壮花蕾即打顶，及时剪除徒长蔓和不结果蔓。

⑦人工授粉。宜在花期的晴天 7：00—11：00、16：00—18：00，阴天 10：00—17：00 进行人工授粉，采摘长势健壮的雄花，取少许花粉涂在雌花柱头上（一般 1 朵雄花可授粉 10 ～ 12 朵雌花）。

（6）病虫害防治

病害主要有根结线虫病、病毒病等。根结线虫病可用线虫必克等生物杀线虫剂兑水淋蔸或用 10% 硫线磷颗粒剂在根部开沟兑水淋施。病毒病可通过定期用杀虫剂对植株、地面以及周围的杂草进行喷施，结合菌克毒克、盐酸吗啉胍、菇类多糖等加叶面肥交替喷施预防。

虫害主要有果实蝇，可在坐果后用敌百虫、醋、红糖、水按 1：1：1：400 比例混合后浸湿棉球，并挂于棚下诱杀。

5. 采收质量管理规范

（1）采收时间

一般在授粉后 70 ～ 80 天果子成熟。当果皮青硬、由深绿色转为黄绿色、果柄转黄色时即可采收。

（2）采收方法

用剪刀在果蒂处剪下。剪果、装筐、运输时防止损伤果皮。将摘回的鲜果，摊放在阴凉通风处 5 ～ 7 天，使其完成后熟。在果皮大部分呈淡黄色时即可进行初加工。

6. 质量要求及分析方法

【性状】本品呈卵形、椭圆形或球形，长 4.5 ～ 8.5 cm，直径 3.5 ～ 6.0 cm。表面褐色、黄褐色或绿褐色，有深色斑块和黄色柔毛，有的具 6 ～ 11 条纵纹。顶端有花柱残痕，基部有果梗痕。体轻，质脆，果皮薄，易破。果瓤（中、内果皮）海绵状，浅棕色。种子扁圆形，多数，长约 1.5 cm，宽约 1.2 cm；浅红色至棕红色，两面中间微凹陷，四周有放射状沟纹，边缘有槽。气微，味甜。

【鉴别】

①本品粉末棕褐色。果皮石细胞大多成群，黄色，方形或卵圆形，直径7～38 μm，壁厚，孔沟明显。种皮石细胞类长方形或不规则形，壁薄，具纹孔。纤维长梭形，直径16～42 μm，胞腔较大，壁孔明显。可见梯纹导管和螺纹导管。薄壁细胞不规则形，具纹孔。

②取本品粉末1 g，加水50 mL，超声处理30分钟，滤过，取滤液20 mL，加正丁醇振摇提取2次，每次20 mL，合并正丁醇液，减压蒸干，残渣加甲醇1 mL使溶解，作为供试品溶液。另取罗汉果对照药材1 g，同法制成对照药材溶液。再取罗汉果皂苷 V 对照品，加甲醇制成每1 mL 含1 mg的溶液，作为对照品溶液。照薄层色谱法（通则0502）试验，吸取上述3种溶液各5 μL，分别点于同一硅胶 G 薄层板上，以正丁醇 – 乙醇 – 水（8：2：3）为展开剂，展开，取出，晾干，喷以2%香草醛的10%硫酸乙醇溶液，加热至斑点显色清晰。供试品色谱中，在与对照药材色谱和对照品色谱相应的位置上，显相同颜色的斑点。

【检查】 水分不得过15.0%（通则0832第二法），总灰分不得过5.0%（通则2302）。

【浸出物】 照水溶性浸出物测定法（通则2201）项下的热浸法测定，不得少于30.0%。

【含量测定】 照高效液相色谱法（通则0512）测定。

色谱条件与系统适用性试验：以十八烷基硅烷键合硅胶为填充剂；以乙腈 – 水（23：77）为流动相；检测波长为203 nm。理论板数按罗汉果皂苷 V 峰计算应不低于3000。

对照品溶液的制备：取罗汉果皂苷 V 对照品适量，精密称定，加流动相制成每1 mL 含0.2 mg的溶液，即得。

供试品溶液的制备：取本品粉末（过四号筛）约0.5 g，精密称定，置具塞锥形瓶中，精密加入甲醇50 mL，密塞，称定重量，加热回流2小时，放冷，再称定重量，用甲醇补足减失的重量，摇匀，滤过。精密量取续滤液20 mL，回收溶剂至干，加水10 mL溶解，通过大孔吸附树脂柱 AB-8（内径为1 cm，柱高为10 cm），以水100 mL洗脱，弃去水液，再用20%乙醇100 mL洗脱，弃去洗脱液，继用稀乙醇100 mL洗脱，收集洗脱液，回收溶剂至干，残渣加流动相溶解，转移至10 mL量瓶中，加流动相至刻度，摇匀，即得。

测定法：分别精密吸取对照品溶液与供试品溶液各10 μL，注入液相色谱仪，测定，即得。

【含量】 按干燥品计算，含罗汉果皂苷 V（$C_{60}H_{102}O_{29}$）不得少于0.50%。

马齿苋

【拉丁学名】*Portulaca oleracea* L.。

【科属】马齿苋科（Portulacaceae）马齿苋属（*Portulaca*）。

1. 形态特征

1年生草本。全株无毛；茎平卧或斜倚，伏地铺散，多分枝，圆柱形，长 10～15 cm 淡绿色或带暗红色。叶互生，有时近对生，叶片扁平，肥厚，倒卵形，似马齿状，长 1～3 cm，宽 0.6～1.5 cm，顶端圆钝或平截，有时微凹，基部楔形，全缘，腹面暗绿色，背面淡绿色或带暗红色，中脉微隆起；叶柄粗短。花无梗，直径 4～5 mm，常 3～5 朵簇生枝端，午时盛开；苞片 2～6 片，叶状，膜质，近轮生；萼片 2 枚，对生，绿色，盔形，左右压扁，长约 4 mm，顶端急尖，背部具龙骨状凸起，基部合生；花瓣 5 片，稀 4 片，黄色，倒卵形，长 3～5 mm，顶端微凹，基部合生；雄蕊通常 8 枚或更多，长约 12 mm，花药黄色；子房无毛，花柱比雄蕊稍长，柱头 4～6 裂，线形。蒴果卵球形，长约 5 mm，盖裂。种子细小，多数，偏斜球形，黑褐色，有光泽，直径不及 1 mm，具小疣状凸起。花期 5—8 月，果期 6—9 月。

2. 分布

马齿苋于中国南北各地均有分布。喜肥沃土壤，耐旱也耐涝，生命力强，生于菜园、农田、路旁，为田间常见杂草。

3. 功能与主治

马齿苋具有清热利湿、凉血解毒的功效，主治细菌性痢疾、急性胃肠炎、急性阑尾炎、乳腺炎、痔疮出血、白带异常，外用治疗疮肿毒、湿疹、带状疱疹等症。

4. 种植质量管理规范

（1）种植地选择

选择生态环境良好、土壤肥沃无污染、湿度适宜、通风良好、排灌方便的地块种植。

（2）整地

种植地深耕 20 cm 左右，结合栽培地土壤类型及肥力状况，施入适量腐熟有机肥料，耕耙均匀，然后按 1 m 左右宽度做畦，长度不限，浇足定根水。

（3）育苗

分春播和秋播，可采用直播和育苗移栽方式。种子先用 0.15% 天然芸苔素内酯乳油 2000 倍稀释液浸泡 6～8 小时，然后将种子沥干，同细沙按 1 : 3 比例均匀混合后播种；也可用 25～30 ℃ 的温水浸种 30 分钟，再用清水浸泡 10～12 小时后播种。播种量控制在 2500 g/hm² 左右。播种后覆盖一层厚约 0.5 cm 的细土，并立即浇一遍水，温度较低时可覆盖地膜、秸秆等物。

（4）栽植

播后 15～30 天出苗，进行苗期管理，苗高 5～7 cm 时移栽。

（5）田间管理

①水。幼苗期保持土壤湿润，成株后可减少浇水。雨季需及时排除积水。

②肥。定植 10 天左右开始追肥，可浇施稀人粪尿或 0.5% 的尿素液，以后每采收 1 次追肥 1 次。

③摘蕾。6 月及时摘除花蕾，促进新枝的抽生。

（6）病虫害防治

病害主要有白锈病、白粉病、立枯病和猝倒病。白锈病可喷施 25% 甲霜灵 1000 倍液、64% 杀毒矾 800 倍液或 58% 瑞毒霉锰锌 800 倍液进行防治。白粉病可喷施 70% 甲基托布津 1000～1500 倍液、25% 粉锈宁 2500 倍液或 50% 多菌灵 800～1000 倍液进行防治。立枯病和猝倒病的防治需重点注意以下事项：一是以预防为主，以生物防治、化学防治为辅，且化学防治需选用低毒低残留的药剂；二是在苗期经常喷洒小苏打溶液。

害虫主要有蜗牛、甜菜夜蛾、斜纹夜蛾和马齿苋野螟。蜗牛可用生石灰防治，用量为 10～15 kg/ 亩，撒在植株根系附近，或夜间喷施 100～150 倍的氨水毒杀。甜菜夜蛾、斜纹夜蛾及马齿苋野螟可喷施 10% 杀灭菊酯 2500～3500 倍液进行防治。

5. 采收质量管理规范

（1）采收时间

马齿苋播种 1 次后可多次采收，一般在开花前采摘。开花后 15～20 天种子成熟，应在开花后 10 天左右即蒴果呈黄色时采种。

（2）采收方法

连续掐取嫩茎的顶端，掐取中上部为好，留茎基部让它继续生长，采收时也可间拔，收大留小。

（3）保存方法

马齿苋采摘后应及时使用，也可洗净后焯水，然后放到太阳底下暴晒，晒干后装于干净的袋子里保存起来。采回的植株及时摊晒 5 ～ 7 天，将种子分次抖落，然后扬净，晒干后贮藏备用。

6. 质量要求及分析方法

【性状】本品多皱缩卷曲，常结成团。茎圆柱形，长可达 30 cm，直径 0.1 ～ 0.2 cm，表面黄褐色，有明显纵沟纹。叶对生或互生，易破碎，完整叶片倒卵形，长 1.0 ～ 2.5 cm，宽 0.5 ～ 1.5 cm；绿褐色，先端钝平或微缺，全缘。花小，3 ～ 5 朵生于枝端，花瓣 5 枚，黄色。蒴果圆锥形，长约 5 mm，内含多数细小种子。气微，味微酸。

【鉴别】

①本品粉末灰绿色。草酸钙簇晶众多，大小不一，直径 7 ～ 108 μm，大型簇晶的晶块较大，棱角钝。草酸钙方晶宽 8 ～ 69 μm，长至 125 μm，有的方晶堆砌成簇晶状。叶表皮细胞垂周壁弯曲或较平直，气孔平轴式。含晶细胞常位于维管束旁，内含细小草酸钙簇晶。内果皮石细胞大多成群，呈长梭形或长方形，壁稍厚，可见孔沟与纹孔。种皮细胞棕红色或棕黄色，表面观呈多角星状，表面密布不整齐小突起。花粉粒类球形，直径 48 ～ 65 μm，表面具细刺状纹饰，萌发孔短横线状。

②取本品粉末 2 g，加水 20 mL，加甲酸调节 pH 值至 3 ～ 4，冷浸 3 小时，滤过，滤液蒸干，残渣加水 5 mL 使溶解，作为供试品溶液。另取马齿苋对照药材 2 g，同法制成对照药材溶液。照薄层色谱法（通则 0502）试验，吸取上述两种溶液各 1 ～ 2 μL，分别点于同一硅胶 G 薄层板上，以水饱和正丁醇 - 冰醋酸 - 水（4∶1∶1）为展开剂，展开，取出，晾干，喷以 0.2% 茚三酮乙醇溶液，在 110 ℃加热至斑点显色清晰。供试品色谱中，在与对照药材色谱相应的位置上，显相同颜色的斑点。

【检查】水分不得过 12.0%（通则 0832 第二法）。

木姜叶柯

【拉丁学名】*Lithocarpus litseifolius*（Hance）Chun。

【科属】壳斗科（Fagaceae）柯属（*Lithocarpus*）。

1. 形态特征

乔木。高达 20 m，胸径 60 cm。枝、叶无毛，有时小枝、叶柄及叶面干后有淡薄的白色粉霜。叶纸质至近革质，椭圆形、倒卵状椭圆形或卵形，很少狭长椭圆形，长 8～18 cm，宽 3～8 cm，顶部渐尖或短突尖，基部楔形至宽楔形，全缘，中脉在叶面凸起，侧脉每边 8～11 条，至叶缘附近隐没，支脉纤细，疏离，两面同色或叶背带苍灰色，有紧实鳞秕层，中脉及侧脉干后呈红褐色或棕黄色；叶柄长 1.5～2.5 cm。雄穗状花序多穗排成圆锥花序，少有单穗腋生，花序长达 25 cm；雌花序长达 35 cm，有时雌雄同序，通常 2～6 穗聚生于枝顶部，花序轴常被稀疏短毛；雌花每 3～5 朵一簇，花柱比花被裂片稍长，干后常油润有光泽。果序长达 30 cm，果序轴纤细，粗很少超过 5 mm；壳斗浅碟状或上宽下窄的短漏斗状，宽 8～14 mm，顶部边缘通常平展，甚薄，无毛，向下明显增厚呈硬木质，小苞片三角形，紧贴，覆瓦状排列，或基部的连生成圆环，坚果为顶端锥尖的宽圆锥形或近圆球形，很少为顶部平缓的扁圆形，高 8～15 mm，宽 12～20 mm，栗褐色或红褐色，无毛，常有淡薄的白粉，果脐深达 4 mm，口径宽达 11 mm。花期 5—9 月，果翌年 6—10 月成熟。

2. 分布

木姜叶柯在国外分布于缅甸东北部、老挝、越南北部，在中国主要分布于秦岭南坡以南的各省份。为山地常绿林的常见树种，喜阳光，耐旱，在次生林中生长良好，可生长的最高海拔约为 2200 m。常与苦槠、青冈和某些樟科植物混生组成常绿阔叶林。

3. 功能与主治

木姜叶柯具有清热解毒、化痰、祛风、降血压的功效，主治湿热泻痢、肺热咳嗽、痈疽疮疡、皮肤瘙痒、高血压等症。

4. 种植质量管理规范

（1）种植地

宜选择排水良好、光照充足的坡地或山地种植，土壤以有机质含量丰富、pH 值为 5.5 ～ 7.0 且土层深厚的沙质土壤为佳。

（2）选种

选择高产、抗性强的品种。

（3）整地

对栽培地进行深耕，并使土壤充分风化，以提高土壤肥力。按行距 120 ～ 150 cm、株距 100 ～ 120 cm、穴深 30 ～ 40 cm 挖定植穴，每穴施入腐熟农家肥 5 ～ 10 kg。

（4）起苗

选择高 25 cm 以上、茎粗 3 mm 以上、侧根数 3 根以上的优质种苗。起苗在苗木的休眠期进行，起苗前保持土壤湿润、疏松、干爽。

（5）栽植

11 月底至翌年 4 月底前栽种，每亩栽植 500 棵左右。栽植前先将苗木根部置于 2000 倍 50% 多菌灵溶液中浸泡 15 分钟，取出沥干，再将种苗直立放入定植穴中，每穴 1 株，扶正苗木，填入土壤后浇足定根水，最后覆盖 5 ～ 8 cm 厚的细土。栽植后 20 天左右检查苗木成活率，若发现死苗、缺苗应及时补植。

（6）田间管理

①中耕除草。在苗木萌芽至枝长 10 ～ 12 cm 时开始进行中耕除草，以后每隔 1 个月进行 1 次，7—8 月停止除草。

②肥。2 月下旬开始施第 1 次肥，施肥量为有机肥料 1000 kg/ 亩，以后每次采摘完后施有机肥料 1000 kg/ 亩（可添加适量的复合肥料）。

③除萌抹芽。木姜叶柯萌芽能力强，移栽后应及时抹去干上的萌芽，也可将除萌抹芽与采摘结合进行，即当嫩叶长到一定大小、具有商品意义后再采摘叶片，抹掉萌芽。

④整形修剪。苗高 70 cm 时（通常是定植后约 4 个月）进行定干，定干高 40 ～ 50 cm。修剪结合采摘进行。在春季、夏季连续摘心，促进侧枝萌发，同时把枝条向四周下压，以扩大树冠，株高控制在 1 m 左右。修剪时剪除枯枝和病虫枝。

5. 采收质量管理规范

（1）采收时间

采摘时间为每年 3—7 月。

（2）采收方法

株高长到 60 cm 以上时开始打顶采摘，以后每隔 15 天当嫩叶长到 2 cm 以上时即可打顶采摘 1 次。

（3）保存方法

采摘鲜叶进行杀青烘干后分装，密封保存。

木槿

【拉丁学名】*Hibiscus syriacus* L.。

【科属】锦葵科（Malvaceae）木槿属（*Hibiscus*）。

1. 形态特征

落叶灌木。高 3～4 m，小枝密被黄色星状茸毛。叶菱形至三角状卵形，长 3～10 cm，宽 2～4 cm，具深浅不同的 3 裂或不裂，先端钝，基部楔形，边缘具不整齐齿缺，背面沿叶脉微被毛或近无毛；叶柄长 5～25 mm，上面被星状柔毛；托叶线形，长约 6 mm，疏被柔毛。花单生于枝端叶腋间，花梗长 4～14 mm，被星状短茸毛；小苞片 6～8 片，线形，长 6～15 mm，宽 1～2 mm，密被星状疏茸毛；花萼钟形，长 14～20 mm，密被星状短茸毛，裂片 5 枚，三角形；花钟形，淡紫色，直径 5～6 cm；花瓣倒卵形，长 3.5～4.5 cm，外面疏被纤毛和星状长柔毛；雄蕊柱长约 3 cm；花柱枝无毛。蒴果卵圆形，直径约 12 mm，密被黄色星状茸毛。种子肾形，背部被黄白色长柔毛。花期 7—11 月。

2. 分布

木槿在中国分布于台湾、福建、广东、广西、云南、贵州、四川、湖南、湖北、安徽、江西、浙江、江苏、山东、河北、河南、陕西，系中国中部各省原产品种。耐旱性强，常栽植于道路两旁、房前屋后等处。

3. 功能与主治

木槿具有清湿热、凉血的功效，主治痢疾、腹泻、痔疮出血、白带异常，外治疖肿等症。

4. 种植质量管理规范

（1）种植地选择

选择向阳、肥沃、排水良好的沙质壤土种植。

（2）育苗地整地

将育苗地平整好，按宽 130 cm、高 25 cm 做畦，施入厩肥 6～10 kg/m²、火烧土

$1.5 \sim 3.0\,kg/m^2$、钙镁磷 $70\,g/m^2$ 作基肥。

（3）育苗

生产中多采用扦插育苗。于3月上旬结合修枝整形进行，插穗选择1年生的健壮枝条，径粗1cm以上，将枝条剪成 $12 \sim 15\,cm$ 长的枝段，下部置于清水中浸泡 $4 \sim 6$ 小时后进行扦插。扦插要求沟深 $15\,cm$，沟距 $20 \sim 25\,cm$，株距 $10 \sim 12\,cm$，插入土中深度为插条的2/3左右，插后培土压实，浇透水1次。

（4）定植

定植前挖定植沟，沟内施足基肥，一般以腐熟的农家肥为主，配合施入少量复合肥料。于幼苗休眠期或多雨季节进行定植，移栽时剪去部分枝叶，定植后浇1次定根水，保持土壤湿润直到幼苗成活。

（5）田间管理

①水。12月至翌年3月苗木进入半休眠状态，浇水保苗。长期干旱时需进行灌溉，雨水过多时要及时排除积水。夏末秋初不宜灌水，秋后霜冻前灌透水1次。

②肥。当枝条开始萌动时及时追肥，以速效肥为主；现蕾前追施 $1 \sim 2$ 次磷肥、钾肥；5—10月盛花期间结合除草、培土追肥2次，以磷钾肥为主，辅以氮肥。

③整形修剪。木槿树形分为直立型和开张型2种。对直立型的木槿，合理选留主枝和侧枝，使主侧枝分布合理，将其逐步改造成开心形。对开张型木槿，需及时用背上枝换头，防止外围枝头下垂早衰；对内膛枝及其他枝条，采用旺枝疏除，壮花枝缓放后及时加缩，再放再缩，不断增加中短花枝比例。

（6）病虫害防治

木槿病虫害较少，病害主要有炭疽病、叶枯病、白粉病等，虫害主要有红蜘蛛、夜蛾、天牛等。病虫害发生时可剪除发病枝，选用安全、高效、低毒农药防治。

5. 采收质量管理规范

（1）采收时间

大暑至处暑间，待花未完全开放时采收。

（2）采收方法

晴天清晨，将花采下后搁置竹筐上，于烈日下晾晒1天，然后用筛子筛一下，将花翻身，第2天继续晾晒，反复晾晒约3天，至完全干燥。

（3）保存方法

晒干保存。

木棉

【拉丁学名】*Bombax ceiba* Linnaeus。

【科属】木棉科（Bombacaceae）木棉属（*Bombax*）。

1. 形态特征

落叶大乔木。高可达 25 m。树皮灰白色，幼树的树干通常有圆锥状的粗刺，分枝平展。掌状复叶，小叶 5～7 枚，长圆形至长圆状披针形，长 10～16 cm，宽3.5～5.5 cm，顶端渐尖，基部阔或渐狭，全缘，两面均无毛，羽状侧脉 15～17 对，上举，其间有 1 条较细的 2 级侧脉，网脉极细密，两面微凸起；叶柄长 10～20 cm；小叶柄长 1.5～4.0 cm；托叶小。花单生枝顶叶腋，通常红色，有时橙红色，直径约 10 cm；萼杯状，长 2～3 cm，外面无毛，内面密被淡黄色短绢毛，萼齿 3～5枚，半圆形，高 1.5 cm，宽 2.3 cm，花瓣肉质，倒卵状长圆形，长 8～10 cm，宽3～4 cm，两面被星状柔毛，但内面较疏；雄蕊管短，花丝较粗，基部粗，向上渐细，内轮部分花丝上部分 2 叉，中间 10 枚雄蕊较短，不分叉，外轮雄蕊多数，集成5 束，每束花丝 10 枚以上，较长；花柱长于雄蕊。蒴果长圆形，钝，长 10～15 cm，粗 4.5～5.0 cm，密被灰白色长柔毛和星状柔毛。种子多数，倒卵形，光滑。花期3—4 月，果夏季成熟。

2. 分布

木棉在国外分布于印度、斯里兰卡、中南半岛、马来西亚、印度尼西亚至菲律宾及澳大利亚北部等地，在中国分布于云南、四川、贵州、广西、江西、广东、福建、台湾。生于海拔 1400（～1700）m 以下的干热河谷及稀树草原，也可生长在沟谷季雨林内。

3. 功能与主治

木棉具有清热利湿、解毒的功效，主治泄泻、痢疾、痔疮、出血等症。

4.种植质量管理规范

（1）种植地选择

选择排水方便、土质疏松、光照充足且土壤呈微酸性的土地种植。

（2）整地

播种前先整地，做畦，松土，然后消毒。

（3）播种

播种用撒播的方式进行。播种前将种子进行消毒、催芽处理。播种时均匀播撒，播后覆盖 2 cm 厚的土壤，让种子和土壤紧密结合，之后浇透水，保持土壤湿润。

（4）移栽

小苗长出 2 片真叶时间苗。将间出来的苗按 1.2 m×1.2 m 的株行距进行移栽，定植后浇透水，及时清除杂草。

5.采收质量管理规范

（1）采收时间

春季花盛开时采收。

（2）采收方法

选择新鲜完整的花，将花朵的头部摘掉，用清水清洗 1 遍，清洗干净后用绳子将花托一个个反方向串好挂起来晒干，也可以用干净无油的小刀切开一边，把花芯去掉，再用竹签一个个串好放太阳底下晾晒。

（3）保存方法

晒好的木棉花装袋封存。

6.质量要求及分析方法

【性状】本品常皱缩成团。花萼杯状，厚革质，长 2～4 cm，直径 1.5～3.0 cm，顶端 3 或 5 裂，裂片钝圆形，反曲；外表面棕褐色，有纵皱纹，内表面被棕黄色短茸毛。花瓣 5 片，椭圆状倒卵形或披针状椭圆形，长 3～8 cm，宽 1.5～3.5 cm；外表面浅棕黄色或浅棕褐色，密被星状毛，内表面紫棕色，有疏毛。雄蕊多数，基部合生呈筒状，最外轮集生成 5 束，柱头 5 裂。气微，味淡、微甘、涩。

【鉴别】

①本品粉末淡棕红色。星状非腺毛众多，由多个呈长披针形的细胞组成，为 4～14 分叉，每分叉为 1 个单细胞，长 135～474 μm，胞腔线形，有的胞腔内含棕

色物。花粉粒类三角形，直径 50～60 μm，表面有网状纹理，具 3 个萌发孔。

②取本品粉末 2 g，加乙酸乙酯 25 mL，浸泡 2 小时，超声处理 15 分钟，滤过，滤液浓缩至干，残渣加甲醇 1 mL 使溶解，作为供试品溶液。另取木棉花对照药材 2 g，同法制成对照药材溶液。照薄层色谱法（通则 0502）试验，吸取上述两种溶液各 5 μL，分别点于同一硅胶 G 薄层板上，以二氯甲烷－丙酮－甲酸（20∶4∶0.2）为展开剂，展开，取出，晾干，喷以 10% 硫酸乙醇溶液，加热至斑点显色清晰，分别置日光和紫外光灯（365 nm）下检视。供试品色谱中，在与对照药材色谱相应的位置上，日光下显相同颜色的斑点，紫外光下显相同颜色的荧光斑点。

【浸出物】照水溶性浸出物测定法（通则 2201）项下的热浸法测定，不得少于 15.0%。

南方红豆杉

【拉丁学名】*Taxus wallichiana* var. *mairei*（Lemee & H. Léveillé）L. K. Fu & Nan Li。

【科属】红豆杉科（Taxaceae）红豆杉属（*Taxus*）。

1. 形态特征

乔木。高达 30 m，胸径达 60 ～ 100 cm。树皮灰褐色、红褐色或暗褐色，裂成条片脱落；大枝开展，1 年生枝绿色或淡黄绿色，秋季变成绿黄色或淡红褐色，2 ～ 3 年生枝黄褐色、淡红褐色或灰褐色；冬芽黄褐色、淡褐色或红褐色，有光泽，芽鳞三角状卵形，背部无脊或有纵脊，脱落或少数宿存于小枝的基部。叶排列成 2 列，条形，微弯或较直，长 1 ～ 3 cm（多为 1.5 ～ 2.2 cm），宽 2 ～ 4 mm（多为 3 mm），上部微渐窄，先端常微急尖，稀急尖或渐尖，腹面深绿色，有光泽，背面淡黄绿色，有 2 条气孔带，中脉带上有密生均匀而微小的圆形角质乳头状突起点，常与气孔带同色，稀色较浅。雄球花淡黄色，雄蕊 8 ～ 14 枚，花药 4 ～ 8 个（多为 5 ～ 6 个）。种子生于杯状红色肉质的假种皮中，间或生于近膜质盘状的种托（即未发育成肉质假种皮的珠托）之上，常呈卵圆形，上部渐窄，稀倒卵状，长 5 ～ 7 mm，径 3.5 ～ 5.0 mm，微扁或圆，上部常具二钝棱脊，稀上部三角状具 3 条钝脊，先端有突起的短钝尖头，种脐近圆形或宽椭圆形，稀三角状圆形。

2. 分布

南方红豆杉在中国分布于安徽南部、浙江、台湾、福建、江西、广东北部、广西北部及东北部、湖南、湖北西部、河南西部、陕西南部、甘肃南部、四川、贵州、云南东北部。垂直分布一般较红豆杉低，多数生于海拔 1000 ～ 1200 m 以下的地方。

3. 功能与主治

南方红豆杉具有消肿散结、通经利尿的功效。其活性成分紫杉醇被国际公认为对多种癌症疗效好、副作用小的新型抗癌药物，常用于治疗晚期乳腺癌、卵巢癌及头颈部癌、软组织癌等症。

4. 种植质量管理规范

（1）种植地选择

选择地势平缓、土层厚度大于 60 cm、土壤类型为黄壤或黄红壤、肥力好、pH 值为 5.5 ～ 7.5、接近水源、能排能灌、交通便利的地块。

（2）整地

造林前 1 年夏秋季节整地。清理杂物，整平田块，耕地深度为 25 ～ 30 cm。田块外围挖排水沟，深 50 ～ 80 cm，宽 50 ～ 60 cm。田块较大时，中间加开排水沟，宽 30 ～ 35 cm，深 40 ～ 45 cm。基肥宜使用腐熟有机肥料，每亩 1000 ～ 1200 kg。

（3）选苗

选择地径 3.5 ～ 5.0 cm 的幼苗进行造林。土球大小为幼苗地径的 8 ～ 10 倍，5 年后移出 1/2 苗木即可；地径 5 cm 及以上采用容器苗，容器直径应为苗木地径的 8 ～ 10 倍，8 年后移出 1/3 苗木即可。

（4）栽植

土球苗和容器苗均应采用穴植法。将苗木植入种植穴中，扶正苗木，回填土并提苗，然后踩实四周土壤，浇透定根水。

（5）田间管理

①补植。对死亡苗木应及时移除，并用同规格苗木及时补植。

②水。及时灌溉，宜采用节水灌溉技术。

③肥。种植后第 1 年前几个月需每月追施尿素 1 次，8 个月后可转为追施复合肥料。造林第 2 年开始，结合抚育每年追肥 1 ～ 2 次。在苗干基部挖环形沟，将复合肥料均匀施入沟内，每株 200 g 左右，覆土填平。

④除草松土。在 5 月、6 月各进行 1 次除草，同时对苗木进行培土、扩穴、埋青。

⑤遮阳。幼苗喜阴，移栽第 1 年需搭遮阴网等进行遮阴管理。

（6）虫害防治

蚜虫和天牛对南方红豆杉的危害较为严重，夏季蚜虫泛滥时可喷洒药剂抑制蚜虫蔓延，天牛幼虫则需靠人工手动清除。

5. 采收质量管理规范

（1）采收时间

人工栽培的红豆杉一般在第 3 年后即可适当采收枝叶，鲜叶一年四季均可采收。

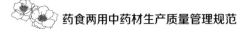

（2）采收方法

采收嫩枝和老叶。

（3）保存方法

采收后如不作鲜加工用，应及时摊开，通风阴干或晒干保存。

柠檬

【拉丁学名】*Citrus limon*（L.）Burm. f.。

【科属】芸香科（Rutaceae）柑橘属（*Citrus*）。

1. 形态特征

小乔木。枝少刺或近于无刺。嫩叶及花芽暗紫红色，翼叶宽或狭，或仅具痕迹，叶片厚纸质，卵形或椭圆形，长 8 ～ 14 cm，宽 4 ～ 6 cm，顶部通常短尖，边缘有明显钝裂齿。单花腋生或少花簇生；花萼杯状，4 ～ 5 浅齿裂；花瓣长 1.5 ～ 2.0 cm，外面淡紫红色，内面白色；常有单性花，即雄蕊发育，雌蕊退化；雄蕊 20 ～ 25 枚或更多；子房近筒状或桶状，顶部略狭，柱头头状。果椭圆形或卵形，两端狭，顶部通常较狭长并有乳头状突尖，果皮厚，通常粗糙，柠檬黄色，难剥离，富含柠檬香气的油点，瓢囊 8 ～ 11 瓣，汁胞淡黄色，果汁酸至甚酸。种子小，卵形，端尖；种皮平滑，子叶乳白色，通常单胚或兼有多胚。花期 4—5 月，果期 9—11 月。

2. 分布

柠檬原产于东南亚，现广泛种植于世界亚热带地区，在中国长江以南地区有栽培。喜温暖，耐阴，怕热，适宜在冬暖夏凉的亚热带地区栽培。对土壤、地势要求不严，平原、丘陵、坡地都可栽培。

3. 功能与主治

柠檬具有行气、和胃、止痛的功效，主治脾气滞、脘腹胀痛、食欲不振等症。

4. 种植质量管理规范

（1）种植地选择

选择土壤深厚肥沃、排水良好、pH 值为 5.5 ～ 6.5 微酸性的平地、丘陵坡地种植。

（2）整地

丘陵山地可挖深、宽各 0.8 m 的种植穴，低地种植穴以深、宽各 0.5 m 为宜。每穴施土杂肥、堆肥 30 ～ 50 kg、石灰 0.5 kg，混入过磷酸钙 0.5 kg，与表土混合施入坑内，最上层放腐熟的农家肥 6 ～ 12 kg，回填至高出地表 15 ～ 20 cm，整成 0.8 m 大小的树盘。

（3）定植

定植期分春植（2—3 月）和秋植（9—10 月）。栽植时，在栽植穴中间挖 30 ～ 40 cm 深的小坑，把苗木放入其中，保持根系舒展，填入细土，压实。在苗木周围筑成外高内低的树盘，浇足定根水，盖草、秸秆等保湿。

（4）田间管理

①土壤。对土质较差、有机质较低的果园，在定植后第 2 年开始开沟扩穴，增施有机肥料，以改良根部环境。开沟扩穴一般在秋梢停长后进行，从树冠外围滴水线开始，每年向外扩展 30 ～ 40 cm、向深延伸 30 ～ 40 cm。回填时压埋有机肥料。

②水。冬春干旱少雨时约 40 天浇水 1 次。多雨季节要及时排水，防止果园积水。

③肥。苗木成活后，每隔 20 ～ 30 天浇施清粪水 1 次。第 2 年结合中耕除草在离树苗主杆 30 cm 外挖深约 30 cm 的环状沟，施农家肥 20 kg、复合肥料 0.5 kg。1—2 月施花前肥，以氮肥为主，配施磷肥、钾肥；4 月底至 5 月补施稳果肥，以速效氮肥为主，适量配合磷钾肥；6—7 月果实膨大期施壮果肥，以氮磷钾复合肥料为主；采果后施果后肥，以农家肥为主。

④除草。每年中耕除草 3 ～ 5 次，深度为 10 ～ 15 cm。夏季可在果树行间套种豆科绿肥植物，防止水土流失。

⑤保花保果。对结果树可采用断根、环割等物理手段控制旺长，也可在枝梢生长前期喷施多效唑 500 倍液 2 ～ 3 次抑制枝梢生长。在开花茂盛期前约 20 天施入腐熟麸肥水 10 ～ 20 kg/ 亩、磷肥 1 ～ 2 kg/ 亩促进结果。

⑥整形修剪。幼树修剪主要采用 1 个主干、3 ～ 5 个主枝、10 ～ 12 个枝组，培育成圆头形树冠。幼树定型后，留强枝作第 1 主枝，主枝与主干成 40°～ 50° 角。以后在不同方向依次留第 2、3、4、5 主枝。幼树尽量轻剪和避免短截，及时剪去徒长枝。

结果树修剪一般采果结束后进行，主要剪除枯枝、病虫枝、纤弱枝、长枝，疏剪内膛枝和不结果的下部枝梢，短截超过 40 cm 以上长果枝。

（5）病虫害防治

病害主要有疮痂病、流胶病。预防疮痂病要在春季新梢萌发前喷施波尔多液，或在落花时喷施 70% 甲基托布津可湿性粉剂或 50% 多菌灵粉剂防治。预防流胶病首先要加强果园肥水管理，提高树体抗性，发病后要及时喷施 70% 甲基托布津或 50% 多菌灵。

常见虫害有蚜虫、红蜘蛛、潜叶蛾和凤蝶类幼虫等，可喷施 73% 克满特、25% 杀虫双 400 ～ 600 倍液防治。

5. 采收质量管理规范

（1）采收时间

果实横径不小于 50 mm，果色由深绿转为浅绿色，甚至略呈淡黄绿色时采收。春花果在 10 月下旬至 11 月中旬采收，夏花果在 12 月下旬至翌年 1 月上旬采收，秋花果则要在翌年 6—7 月采收。

（2）采收方法

采果一律采用复剪法，第一剪将果实及连带部分需剪除的果枝一并剪下，第二剪齐萼片剪去果梗，把果蒂剪平。采果时应按照自上而下、从外至内的顺序进行，高处或远处的果实可用果梯辅助采果。果实轻轻放入果篓，装九成满即换空篓。从采果篓转入果箱（箩筐）中，也必须轻拿轻放。

（3）保存方法

低温 1.6 ～ 10.0 ℃可贮藏 2 ～ 6 个月，或对柠檬进行打蜡处理可短期贮藏，或将新鲜采摘的柠檬用乙烯催熟使果皮变黄后切片晒干保存。

牛尾菜

【拉丁学名】*Smilax riparia* A. DC.。

【科属】菝葜科（Smilacaceae）菝葜属（*Smilax*）。

1. 形态特征

多年生草质藤本。具根状茎，茎长 1～2 m，中空，有少量髓，干后具槽。叶较厚，卵形、椭圆形或长圆状披针形，长 7～15 cm，背面绿色，无毛或具乳突状微柔毛（脉上毛更多）；叶柄长 0.7～2.0 cm，常在中部以下有卷须，脱落点位于上部。花单性，雌雄异株，淡绿色；伞形花序总花梗较纤细，长 3～5（～10）cm；花序托有多数小苞片，小苞片长 1～2 mm，花期常不脱落；雄花花药线形，多少弯曲，长约 1.5 mm；雌花稍小于雄花，无退化雄蕊或具钻形退化雄蕊。浆果直径 7～9 mm，成熟时黑色。

2. 分布

牛尾菜分布比较广泛，温带、热带、亚热带地区均有；在中国除内蒙古、新疆、西藏、宁夏、甘肃外，其他各省份均有分布。主要生于林下、阴湿谷地或较为平坦的地带，常在油松、山里红、蒙古栎、辽东栎等树干周围或灌丛中，与铁线莲、山葡萄、穿龙薯蓣等混生。牛尾菜生长比较密集，一般呈片状分布，在林间空地、草丛也偶有生长。

3. 功能与主治

牛尾菜具有补气活血、舒筋通络的功效，主治气虚浮肿、筋骨疼痛、偏瘫、头晕头痛、咳嗽吐血、骨结核、白带异常等症。

4. 种植质量管理规范

（1）种植地选择

选择排水方便、土壤肥沃、土质疏松的微酸性土壤，坡度在 25° 以下的山地、撂荒地、山脚地种植。

（2）**整地**

清除杂草、石块等杂物，深翻 30 cm 以上，每亩结合深翻施腐熟的农家肥 3000 ～ 4000 kg，耙细，整平，做畦，畦宽 60 cm、高 10 cm，畦间距 30 ～ 50 cm，畦长根据地形而定。

（3）**育苗**

5 月中旬，将后熟处理过的牛尾菜种子散播于做好的畦上，每亩约用种子 30 kg，浇透水，覆盖 0.5 ～ 0.8 cm 厚的细土，表面再覆盖适量松针保湿。

（4）**移栽**

将 2 年生牛尾菜苗按株行距 50 cm×50 cm 移栽到畦上。

（5）**田间管理**

①水。保持土壤湿润，干旱时及时灌溉；雨季及时排水防涝，避免烂根死亡。

②肥。苗地上部分长至 5 cm 时施复合肥料 450 kg/ 亩（氮：磷：钾 =5：3：1），后每隔 15 天在叶面喷施 1 次磷酸二氢钾（0.3%）。生长期间根据生长情况追肥 2 ～ 3 次，以尿素为主，辅以硝酸钾和过磷酸钾。

③除草。5 月进行 1 次全面除草，之后对于一些 1 年生杂草，如小藜、野苋、荨麻等，待其长至与牛尾菜苗一半高时再除。

④遮阴。当苗长至 8 ～ 10 cm 时，搭棚遮阴。

⑤搭架。当苗长至 20 ～ 30 cm、出现卷须时，搭架使其攀缘生长。

（6）**病害防治**

6 月下旬牛尾菜易发斑点落叶病，可在发病初期喷施 10% 的甲基多抗霉素，每周喷施 1 次，共喷施 3 次即可防治。

5. 采收质量管理规范

（1）**采收时间**

定植后第 3 年开始采收，每年 5—6 月采收嫩茎叶，6—8 月采挖根茎。

（2）**采收方法**

当苗高 25 ～ 40 cm 时，采收嫩茎叶，保持鲜嫩的标准以未展开或刚展开叶片为限。采完嫩茎叶后采挖根茎。

（3）**保存方法**

嫩茎叶作为蔬菜直接上市销售，根茎洗净后晒干保存。

苹婆

【拉丁学名】*Sterculia monosperma* Ventenat。

【科属】梧桐科（Sterculiaceae）苹婆属（*Sterculia*）。

1.形态特征

乔木。树皮褐黑色，小枝幼时略有星状毛。叶薄革质，矩圆形或椭圆形，长8～25 cm，宽5～15 cm，顶端急尖或钝，基部浑圆或钝，两面均无毛；叶柄长2.0～3.5 cm，托叶早落。圆锥花序顶生或腋生，柔弱且披散，长达20 cm，有短柔毛；花梗远比花长；萼初时乳白色，后转为淡红色，钟状，外面有短柔毛，长约10 mm，5裂，裂片条状披针形，先端渐尖且向内曲，在顶端互相粘合，与钟状萼筒等长；雄花较多，雌雄蕊柄弯曲，无毛，花药黄色；雌花较少，略大，子房圆球形，有5条沟纹，密被毛，花柱弯曲，柱头5浅裂。蓇葖果鲜红色，厚革质，矩圆状卵形，长约5 cm，宽2～3 cm，顶端有喙，每果内有种子1～4粒。种子椭圆形或矩圆形，黑褐色，直径约1.5 cm。花期4—5月，但在10—11月常可见少数植株开第2次花。

2.分布

苹婆在国外分布于印度、越南、印度尼西亚，多为人工栽培；在中国分布于广东、广西南部、福建东南部、云南南部和台湾，广州附近和珠江三角洲多有栽培。喜生于排水良好的肥沃土壤，且耐荫蔽。

3.功能与主治

苹婆具有敛肺定喘、止带浊、缩小便的功效，主治痰多喘咳、带下白浊、遗尿、尿频等症。

4.种植质量管理规范

（1）种植地选择

对环境、土壤的适应性较强，在土层贫瘠、沙石或环境恶劣的地方均能种植。

（2）整地

栽植前挖大小为 80 cm×80 cm×60 cm 的栽植穴，以有机肥料为主、化肥为辅，结合一定量的混合肥施下作为基肥。

（3）播种

果成熟裂开时采收果实，将种子分离，用灭菌灵消毒杀菌后进行播种。一般 7 天左右种子即可萌发。

（4）栽植

定植时株行距保持在 4 m×5 m，每亩植约 30 株苗。

（5）田间管理

①水。花期和幼果期需水量大，应及时浇水，以保证开花和结果所需的水分。

②肥。幼龄树每年施肥 3～4 次，每 2～3 个月 1 次，以复合肥料为主。成年结果树每年施肥 2 次以上，即在冬末春初施 1 次，以有机肥料为主，每株施 15～20 kg；第 2 次施肥于 8—9 月采果后进行，以复合肥料为主，每株施 1.0～1.5 kg。

③促花保果。夏季、秋季刻伤枝干，采果后及时疏剪密生枝、弱枝和病枯枝，可促进开花和结果。

④整形修剪。苹婆树干萌生能力强，应截去过高主枝杆的上部，促使侧枝的萌发，使整个树形呈椭圆形，从而利于结果和采果。采果后疏剪过密的密生枝、病枯枝、交叉枝、徒长枝和萌蘖枝。

（6）病虫害防治

病虫害主要有根腐病和木虱。根腐病的防治措施：一是清除病变的树根，二是用 14.5% 多效灵可溶粉剂 0.3%～0.5% 浓度的溶液灌根。木虱则可在低龄若虫期喷施 20% 速灭丁乳油 0.05% 浓度的溶液，或 95% 来幼脲水剂 0.1% 浓度的溶液，连喷 3～4 次，每次间隔 7～10 天。

5. 采收质量管理规范

（1）采收时间

12 月中旬果实成熟后进行采收。

（2）采收方法

采收时用带有铁钩的竹竿将果荚勾落在地捡回。

（3）保存方法

晒干保存。

破布叶

【拉丁学名】*Microcos paniculata* L.。

【科属】椴树科（Tiliaceae）破布叶属（*Microcos*）。

1. 形态特征

灌木或小乔木。高 3～12 m。树皮粗糙；嫩枝有毛。叶薄革质，卵状长圆形，长 8～18 cm，宽 4～8 cm，先端渐尖，基部圆形，两面初时有极稀疏星状柔毛，后变秃净，三出脉的两侧脉从基部发出，向上行超过叶片中部，边缘有细钝齿；叶柄长 1.0～1.5 cm，被毛；托叶线状披针形，长 5～7 mm。顶生圆锥花序长 4～10 cm，被星状柔毛；苞片披针形；花柄短小；萼片长圆形，长 5～8 mm，外面有毛；花瓣长圆形，长 3～4 mm，下半部有毛；腺体长约 2 mm；雄蕊多数，比萼片短；子房球形，无毛，柱头锥形。核果近球形或倒卵形，长约 1 cm；果柄短。花期 6—7 月。

2. 分布

破布叶在国外分布于中南半岛、印度及印度尼西亚，在中国分布于广东、广西、云南。生于丘陵、山坡、林缘等处灌丛中、平地路旁或疏林下，少有栽培。

3. 功能与主治

破布叶具有消食化滞、清热利湿的功效，主治饮食积滞、感冒发热、湿热黄疸等症。

4. 种植质量管理规范

（1）种植地选择

选择排水良好、土层深厚而肥沃的壤土种植。

（2）播种

秋季果实成熟时采种，选大粒饱满者留种。翌年 3 月，条播，按行距 25～30 cm 开播沟，将种子均匀播入沟里，覆盖厚 3 cm 的细土，播后浇水保湿。

（3）栽植

当苗高 40 cm 左右时栽植，按株行距 300 cm×300 cm 开穴，每穴种 1 株，覆土压实，浇足定根水。

（4）田间管理

定植后，每年中耕除草 3 ～ 4 次，春、夏季各追氮肥 1 次，秋季追施堆肥、厩肥，追肥后培土。幼林期林地间种黄豆、芝麻、花生等农作物。冬季应适当进行修剪，剪去过密侧枝和阴枝，促进主杆粗壮。

5. 采收质量管理规范

（1）采收时间

四季均可以采收，以夏、秋季为宜。

（2）采收方法

采收带幼枝的叶。

（3）保存方法

晒干保存。

6. 质量要求及分析方法

【**性状**】本品叶多皱缩或破碎。完整叶展平后呈卵状长圆形或卵状矩圆形，长 8 ～ 18 cm，宽 4 ～ 8 cm。表面黄绿色、绿褐色或黄棕色。先端渐尖，基部钝圆，稍偏斜，边缘具细齿。基出脉 3 条，侧脉羽状，小脉网状。具短柄，叶脉及叶柄被柔毛。纸质，易破碎。气微，味淡，微酸涩。

【**鉴别**】

①本品粉末淡黄绿色。表皮细胞多角形或类圆形。气孔不定式。非腺毛两种：一种星状毛，分枝多数，每分枝有数个分隔；另一种非腺毛单细胞。纤维细长，成束，壁稍厚，纹孔较清晰。草酸钙方晶多见；草酸钙簇晶直径 5 ～ 20 μm。

②取本品粉末 1 g，加水 50 mL，加热回流 2 小时，滤过，滤液浓缩至 30 mL，用乙酸乙酯提取 2 次（30 mL，25 mL），合并乙酸乙酯液，回收溶剂至干，残渣加无水乙醇 1 mL 使溶解，作为供试品溶液。另取布渣叶对照药材 1 g，同法制成对照药材溶液。照薄层色谱法（通则 0502）试验，吸取上述两种溶液各 2 μL，分别点于同一硅胶 G 薄层板上，以二氯甲烷 – 丁酮 – 甲酸 – 水（10：1：0.1：0.1）为展开剂，展开，取出，晾干，置紫外光灯（365 nm）下检视。供试品色谱中，在与对照药材色谱相应的位置上，显相同颜色的荧光斑点。

【**检查**】杂质不得过 2%（通则 2301），水分不得过 12.0%（通则 0832 第二法），总灰分不得过 8.0%（通则 2302）。

【**浸出物**】照醇溶性浸出物测定法（通则 2201）项下的热浸法测定，用稀乙醇作溶剂，不得少于 17.0%。

【**含量测定**】照高效液相色谱法（通则 0512）测定。

色谱条件与系统适用性试验：以十八烷基硅烷键合硅胶为填充剂；以甲醇 –0.4% 磷酸溶液（30 : 70）为流动相；检测波长为 339 nm。理论板数按牡荆苷峰计算应不低于 3000。

对照品溶液的制备：取牡荆苷对照品适量，精密称定，加 70% 甲醇制成每 1 mL 含 20 μg 的溶液，即得。

供试品溶液的制备：取本品粉末（过三号筛）约 2.5 g，精密称定，置具塞锥形瓶中，精密加入 70% 甲醇 50 mL，密塞，称定重量，超声处理（功率 250 W，频率 33 kHz）1 小时，放冷，再称定重量，用 70% 甲醇补足减失的重量，摇匀，滤过，取续滤液，即得。

测定法：分别精密吸取对照品溶液与供试品溶液各 10 μL，注入液相色谱仪，测定，即得。

本品按干燥品计算，含牡荆苷（$C_{21}H_{20}O_{10}$）不得少于 0.040%。

荠

【拉丁学名】*Capsella bursa-pastoris*（L.）Medik.。

【科属】十字花科（Brossicaceae）荠属（*Capsella*）。

1. 形态特征

1年或2年生草本。植株高（7~）10~50 cm，无毛、有单毛或分叉毛；茎直立，单一或从下部分枝。基生叶丛生呈莲座状，大头羽状分裂，长可达12 cm，宽可达2.5 cm，顶裂片卵形至长圆形，长5~30 mm，宽2~20 mm，侧裂片3~8对，长圆形至卵形，长5~15 mm，顶端渐尖，浅裂，或有不规则粗锯齿或近全缘，叶柄长5~40 mm；茎生叶窄披针形或披针形，长5.0~6.5 mm，宽2~15 mm，基部箭形，抱茎，边缘有缺刻或锯齿。总状花序顶生及腋生，果期延长达20 cm；花梗长3~8 mm；萼片长圆形，长1.5~2.0 mm；花瓣白色，卵形，长2~3 mm，有短爪。短角果倒三角形或倒心状三角形，长5~8 mm，宽4~7 mm，扁平，无毛，顶端微凹，裂瓣具网脉；花柱长约0.5 mm；果梗长5~15 mm。种子2行，长椭圆形，长约1 mm，浅褐色。花、果期4—6月。

2. 分布

荠广泛分布于全世界温带地区，在中国几遍全国，野生，偶有栽培。生于山坡、田边及路旁。

3. 功能与主治

荠具有凉血止血、清热利尿的功效，主治肾结核尿血、产后子宫出血、月经过多、肺结核咯血、高血压、感冒发热、肾炎水肿、泌尿系结石、乳糜尿、肠炎等症。

4. 种植质量管理规范

（1）种植地选择

选择土质疏松肥沃、杂草少、排灌方便、保水力强的田块种植。避免连茬，以减少病虫害发生。

（2）整地

浅耕整地，耕翻深度为 15 cm 左右。结合整地每亩施腐熟农家肥 2000 ～ 2500 kg 或三元复合肥料 25 kg。若播种前干旱，可在整地前 1 ～ 2 天将土地浇湿后再整地，以利出苗。

（3）播种

采用撒播或条播方式。春播荠菜每亩需种子 0.75 ～ 1.0 kg，秋播荠菜每亩需种子 1.0 ～ 1.5 kg。播种前将细土和种子按 3 ∶ 1 的比例混匀。采用撒播方式播种时尽量均匀撒播，播后填压一遍畦面，以便让种子紧密接触土壤，利于吸水出苗；条播时，于畦面上开几道顺畦向的等距离播种沟，沟宽 5 ～ 6 cm，播后覆盖约 1 cm 厚的细土，整平，稍加填压。播种后遮阴保湿。

（4）定苗

出苗后及时揭开地膜，待 2 叶期进行间苗、除草，株间距为 5 cm；4 叶期定苗，株间距为 10 cm。

（5）田间管理

①水。荠菜产量的高低与水分管理的精细与否有着直接关系，整个生长期都需不间断的小水灌溉。出苗前，未盖膜的每天喷水 3 ～ 4 次；出苗后，每天喷水 1 次。天气过干时，每天在清晨或傍晚浇水 1 次。到了雨季注意排水防涝。晚秋播种的荠菜，浇水更应轻、勤、凉，即在早晨露水未干时进行。

②肥。2 ～ 3 片真叶期或出苗 8 ～ 10 天后施肥 1 次，15 ～ 20 天后再施肥 1 次，每亩施入腐熟粪肥 2500 ～ 3000 kg，遵循勤、稀的规律，或每亩施入尿素 8 ～ 10 kg。秋播荠菜生长期长，需追肥 4 次。

③除草。结合间苗和采收清除杂草。

④覆盖防寒。秋播苗越冬期间用地膜等覆盖物覆盖或搭小拱棚行保护。

（6）病虫害防治

荠菜易感染霜霉病和病毒病。霜霉病可在发病初期喷施 75% 百菌清 1000 倍液防治，病毒病的防治方法是合理轮作、清洁田园以及及时杀灭蚜虫这一病毒传播媒介。

虫害主要是蚜虫。蚜虫对荠菜的价值影响较大，应经常检查荠菜的叶片背面，发现蚜虫后及时喷施 40% 氧化乐果 1500 倍液防治。

5. 采收质量管理规范

（1）采收时间

秋播荠菜的采收可分多次进行，一般结合市场行情，当荠菜有 10 ～ 13 片真叶时即可采收。

（2）采收方法

根据种植密度进行采挖，应先收大株、密处，使留下的植株均匀分布。采收时用小刀在荠菜根部1～2 cm处带根挖出，采挖深度要适宜且注意勿伤周围植株。

（3）保存方法

采收后剔除腐烂叶或杂质即可直接上市销售。

青钱柳

【拉丁学名】*Cyclocarya paliurus*（Batalin）Iljinsk.。

【科属】胡桃科（Juglandaceae）青钱柳属（*Cyclocarya*）。

1. 形态特征

乔木。植株高达 10 ～ 30 m。树皮灰色；枝条黑褐色，具灰黄色皮孔；芽密被锈褐色盾状着生的腺体。奇数羽状复叶长约 20 cm（有时达 25 cm 以上），具小叶 7 ～ 9 枚（稀 5 枚或 11 枚）；叶轴密被短毛或有时脱落而成近于无毛；叶柄长 3 ～ 5 cm，密被短柔毛或逐渐脱落而无毛；小叶纸质；杞侧生小叶近于对生或互生，小叶柄密被 0.5 ～ 2.0 mm 长的短柔毛，长椭圆状卵形至阔披针形，长 5 ～ 14 cm，宽 2 ～ 6 cm，基部歪斜，阔楔形至近圆形，顶端钝或急尖、稀渐尖；顶生小叶具长约 1 cm 的小叶柄，长椭圆形至长椭圆状披针形，长 5 ～ 12 cm，宽 4 ～ 6 cm，基部楔形，顶端钝或急尖；叶缘具锐锯齿，侧脉 10 ～ 16 对，腹面被有腺体，仅沿中脉及侧脉有短柔毛，背面网脉显明凸起，被有灰色细小鳞片及盾状着生的黄色腺体，沿中脉和侧脉生短柔毛，侧脉腋内具簇毛。雄性葇荑花序长 7 ～ 18 cm，3 条或稀 2 ～ 4 条成一束生于长 3 ～ 5 mm 的总梗上，总梗自 1 年生枝条的叶痕腋内生出，花序轴密被短柔毛及盾状着生的腺体，雄花具长约 1 mm 的花梗；雌性葇荑花序单独顶生，花序轴常密被短柔毛，老时毛常脱落而成无毛，在其下端不生雌花的部分常有 1 片长约 1 cm 的被锈褐色毛的鳞片。果序轴长 25 ～ 30 cm，无毛或被柔毛；果实扁球形，直径约 7 mm，果梗长 1 ～ 3 mm，密被短柔毛，果实中部围有水平方向的径为 2.5 ～ 6.0 cm 的革质圆盘状翅，顶端具 4 枚宿存的花被片及花柱，果实及果翅全部被有腺体，在基部及宿存的花柱上则被稀疏的短柔毛。花期 4—5 月，果期 7—9 月。

2. 分布

青钱柳在中国分布于安徽、江苏、浙江、江西、福建、台湾、湖北、湖南、四川、贵州、广西、广东和云南东南部。常生长在海拔 500 ～ 2500 m 湿润的森林中。

3. 功能与主治

青钱柳具有祛风止痒的功效，主治皮肤癣疾等症。

4. 种植质量管理规范

（1）种植地选择

选择交通方便、地势平坦、日照时间短、水源充足、排灌方便、土层深厚的地块种植。

（2）整地

整地时每亩撒硫酸亚铁 8 kg、杀虫螟松 2 kg 进行消毒，并施枯饼 100 kg、磷肥 100 kg 作基肥，三耕三耙，然后整成宽度为 1.2 m 左右的苗床。

（3）播种

种子均匀撒播于苗床上，先覆盖约 1 cm 厚的细土，然后再铺一层约 10 cm 厚的稻草。每亩的种子播种量为 5 kg 左右。当有 30% 的苗木出土时即可揭开稻草。

（4）栽植

种植地按株行距 2 m×2 m 定点挖穴，穴的规格为 60 cm×60 cm×60 cm，穴内施入腐熟的农家肥 5 kg，与表土拌匀后回填。2 月底前种植，采用 1 年生苗木种植于挖好的种植穴中，栽植时将苗木基部踩实，穴面土堆成面包形。

（5）田间管理

①肥。在幼林树木离根距离 0.8～1.0 m 的两边，挖半月形的施肥坎，深 40 cm 左右，在其中添加复合肥料 0.4 kg，或添加尿素肥料 0.3 kg。施肥后必须当天盖土。

②补苗。出现苗木死亡时应及时移除，并在翌年春天补植。

③中耕除草。造林后选择晴天去除杂草与灌木，造林当年 4 月开展复垦工作，并铲除杂草，将林木的坑穴扩宽 90 cm，在 9 月再进行 1 次，连续处理 3 年。

④整形修剪。通过定干、摘心、截干、拉技、抹芽等技术措施控制其树高。

（6）病虫害防治

病害主要有立枯病。立枯病要加强苗木管理，尤其雨季时应及时排水，防止积水。

虫害主要有地老虎。地老虎幼虫发生时，可在晚间用米糠搅拌药物后撒在地上诱杀幼虫，也可用 50% 辛硫磷乳油 1500 倍液和 99% 敌百虫 1000 倍液进行防治。

5. 采收质量管理规范

（1）采收时间

9—10 月果实由青色转为黄褐色时即可采收。

（2）采收方法

利用竹竿敲打枝条，地面铺布收集。

（3）保存方法

果实采回后，放在谷场晒干，搓去果翅后收藏于塑料袋内，放在干燥通风处保存。

肉桂

【拉丁学名】*Cinnamomum cassia* Presl。

【科属】樟科（Lauraceae）樟属（*Cinnamomum*）。

1. 形态特征

中等大乔木。树皮灰褐色，老树皮厚达 13 mm。1 年生枝条圆柱形，黑褐色，有纵向细条纹，略被短柔毛，当年生枝条多少四棱形，黄褐色，具纵向细条纹，密被灰黄色短茸毛。顶芽小，长约 3 mm，芽鳞宽卵形，先端渐尖，密被灰黄色短茸毛。叶互生或近对生，长椭圆形至近披针形，长 8～16（34）cm，宽 4.0～5.5（9.5）cm，先端稍急尖，基部急尖，革质，边缘软骨质，内卷，腹面绿色，有光泽，无毛，背面淡绿色，晦暗，疏被黄色短茸毛，离基三出脉，侧脉近对生，自叶基 5～10 mm 处生出，稍弯向上伸至叶端之下方渐消失，与中脉在腹面明显凹陷，背面十分凸起，向叶缘一侧有多数支脉，支脉在叶缘之内拱形连结，横脉波状，近平行，相距 3～4 mm，腹面不明显，背面凸起，其间由小脉连接，小脉在背面明显可见；叶柄粗壮，长 1.2～2.0 cm，腹面平坦或下部略具槽，被黄色短茸毛。圆锥花序腋生或近顶生，长 8～16 cm，三级分枝，分枝末端为 3 朵花的聚伞花序，总梗长约为花序长的一半，与各级序轴被黄色茸毛；花白色，长约 4.5 mm；花梗长 3～6 mm，被黄褐色短茸毛；花被内外两面密被黄褐色短茸毛；花被筒倒锥形，长约 2 mm；花被裂片卵状长圆形，近等大，长约 2.5 mm，宽约 1.5 mm，先端钝或近锐尖；能育雄蕊 9 枚，花丝被柔毛，第一、二轮雄蕊长约 2.3 mm，花丝扁平，长约 1.4 mm，上方 1/3 处变宽大，花药卵圆状长圆形，长约 0.9 mm，先端截平，药室 4 个，室均内向，上 2 室小得多；第三轮雄蕊长约 2.7 mm，花丝扁平，长约 1.9 mm，上方 1/3 处有 1 对圆状肾形腺体，花药卵圆状长圆形，药室 4 个，上 2 室较小，外侧向，下 2 室较大，外向；退化雄蕊 3 枚，位于最内轮，连柄长约 2 mm，柄纤细，扁平，长约 1.3 mm，被柔毛，先端箭头状正三角形；子房卵球形，长约 1.7 mm，无毛，花柱纤细，与子房等长，柱头小，不明显。果椭圆形，长约 1 cm，宽 7～8（9）mm，成熟时黑紫色，无毛；果托浅杯状，长约 4 mm，顶端宽达 7 mm，边缘截平或略具齿裂。花期 6—8 月，果期 10—12 月。

2. 分布

肉桂原产于中国，印度、老挝、越南至印度尼西亚等地也有，但大多为人工栽培。现热带及亚热带地区及中国广东、广西、福建、台湾、云南广为栽培，其中尤以广西栽培为多。

3. 功能与主治

肉桂具有补火助阳、引火归原、散寒止痛、温通经脉的功效，主治阳痿宫冷、腰膝冷痛、肾虚作喘、虚阳上浮、眩晕目赤、心腹冷痛、虚寒吐泻、寒疝腹痛、痛经、经闭等症。

4. 种植质量管理规范

（1）种植地选择

选择土层深厚、肥沃、排水良好的地块种植。

（2）整地

育苗前深翻土壤 30 cm，结合耕翻施入腐熟的农家肥 45000 kg/hm^2、过磷酸钙 300 kg/hm^2 作基肥，整平，耙细，做成 1 m 左右的高畦，畦沟宽 40 cm，四周挖好排水沟。

（3）育苗

采用种子育苗。4 月在整好的畦面上按行距 20 ～ 30 cm、深 4 ～ 6 cm、宽 10 cm 的规格开种植沟，将种子均匀播入沟内，覆盖 2 cm 厚的细土，盖秸秆保温保湿。出苗后及时揭去秸秆并搭设遮阴棚，浇水施肥，培育 1 年。

（4）栽植

苗高 30 cm 左右时可于 3 月下旬移栽。栽植地可选择坡度 30° 以下、光照充足、无寒风危害的山腹地带。移栽时，按行距 3 ～ 5 m、株距 2 ～ 3 m 挖种植穴，穴径和穴深均为 40 cm 左右，每穴施腐熟有机肥料 10 kg，与底土混匀，覆盖 10 cm 厚的细土，每穴栽苗 1 株，填土至与地面齐平，浇透定根水，再覆土至高出地面 5 cm 左右即可。

（5）田间管理

①水。定植后 60 天内定期浇水施肥，促进幼苗生长。后期始终保持土壤湿润，雨季及时排水。

②肥。幼苗长出 3 ～ 5 片真叶时施入腐熟稀薄人畜粪水 10000 ～ 15000 kg/hm^2，

以后每隔 1 个月追肥 1 次，秋后停止施肥。种植前 3 年使用氮、磷、钾比例相同的复合肥料，第 4 年开始使用钾肥比例高的复合肥料。

③中耕除草。出苗后大约进行 3 次中耕除草，一般选择在每年 11 月进行，12 月末进行最后 1 次中耕除草。

④整形修剪。肉桂修剪要求"一早、二光滑"。修剪整形在栽植后第 3 年开始，秋冬或早春进行，每年进行 1 ～ 2 次修枝，每次修除从地面到树冠的 1/3 以内的枝条。小枝条用利刃紧靠主干削平（不伤及主干树皮），较大枝条可用锯子细心锯除。

（6）病害防治

常见的病害主要有根腐病与褐斑病。褐斑病发病初期可喷施波尔多液喷雾防治，每 7 ～ 10 天喷洒 1 次，连续喷洒 3 次。发现根腐病后及时拔除病株，并在病株根部施入 50% 退菌特可湿性粉剂 1000 倍液。

5. 采收质量管理规范

（1）采收时间

移栽 15 年以上的可于秋季采剥树皮，在霜降前后采收果实。

（2）采收方法

树皮剥下晒干即成桂皮。每年修剪时将 0.7 ～ 0.9 cm 粗的枝条或砍伐后不能剥皮的细枝梢去叶切成 40 cm 长的小段，晒干即成桂枝。采摘尚未成熟的果实，晒干去柄即为桂子。

（3）保存方法

将树皮晒干保存。

6. 质量要求及分析方法

【性状】本品呈槽状或卷筒状，长 30 ～ 40 cm，宽或直径 3 ～ 10 cm，厚 0.2 ～ 0.8 cm。外表面灰棕色，稍粗糙，有不规则的细皱纹和横向突起的皮孔，有的可见灰白色的斑纹；内表面红棕色，略平坦，有细纵纹，划之显油痕。质硬而脆，易折断，断面不平坦，外层棕色而较粗糙，内层红棕色而油润，两层间有 1 条黄棕色的线纹。香气浓烈，味甜、辣。

【鉴别】

①本品横切面：木栓细胞数列，最内层细胞外壁增厚，木化。皮层散有石细胞和分泌细胞。中柱鞘部位有石细胞群，断续排列成环，外侧伴有纤维束，石细胞通常外壁较薄。韧皮部射线宽 1 ～ 2 列细胞，含细小草酸钙针晶；纤维常 2 ～ 3 个成束；

油细胞随处可见。薄壁细胞含淀粉粒。

粉末红棕色。纤维大多单个散在，长梭形，长 195 ～ 920 μm，直径约至 50 μm，壁厚，木化，纹孔不明显。石细胞类方形或类圆形，直径 32 ～ 88 μm，壁厚，有的一面菲薄。油细胞类圆形或长圆形，直径 45 ～ 108 μm。草酸钙针晶细小，散在于射线细胞中。木栓细胞多角形，含红棕色物。

②取本品粉末 0.5 g，加乙醇 10 mL，冷浸 20 分钟，时时振摇，滤过，取滤液作为供试品溶液。另取桂皮醛对照品，加乙醇制成每 1 mL 含 1 μL 的溶液，作为对照品溶液。照薄层色谱法（通则 0502）试验，吸取供试品溶液 2 ～ 5 μL、对照品溶液 2 μL，分别点于同一硅胶 G 薄层板上，以石油醚（60 ～ 90 ℃）– 乙酸乙酯（17∶3）为展开剂，展开，取出，晾干，喷以二硝基苯肼乙醇试液。供试品色谱中，在与对照品色谱相应的位置上，显相同颜色的斑点。

【检查】水分不得过 15.0%（通则 0832 第四法），总灰分不得过 5.0%（通则 2302）。

【含量测定】

挥发油：照挥发油测定法（通则 2204 乙法）测定。

桂皮醛：照高效液相色谱法（通则 0512）测定。

色谱条件与系统适用性试验：以十八烷基硅烷键合硅胶为填充剂；以乙腈 – 水（35∶75）为流动相；检测波长为 290 nm。理论板数按桂皮醛峰计算应不低于 3000。

对照品溶液的制备：取桂皮醛对照品适量，精密称定，加甲醇制成每 1 mL 含 10 μg 的溶液，即得。

供试品溶液的制备：取本品粉末（过三号筛）约 0.5 g，精密称定，置具塞锥形瓶中，精密加入甲醇 25 mL，称定重量，超声处理（功率 350 W，频率 35 kHz）10 分钟，放置过夜，同法超声处理 1 次，再称定重量，用甲醇补足减失的重量，摇匀，滤过。精密量取续滤液 1 mL，置 25 mL 量瓶中，加甲醇至刻度，摇匀，即得。

测定法：分别精密吸取对照品溶液与供试品溶液各 10 μL，注入液相色谱仪，测定，即得。

本品按干燥品计算，含桂皮醛（C_9H_8O）不得少于 1.5%。

三叶木通

【拉丁学名】*Akebia trifoliata*（Thunb.）Koidz.。

【科属】木通科（Lardizabalaceae）木通属（*Akebia*）。

1. 形态特征

落叶木质藤本。茎皮灰褐色，有稀疏的皮孔及小疣点。掌状复叶互生或在短枝上的簇生；叶柄直，长 7 ～ 11 cm；小叶 3 枚，纸质或薄革质，卵形至阔卵形，长 4.0 ～ 7.5 cm，宽 2 ～ 6 cm，先端通常钝或略凹入，具小凸尖，基部截平或圆形，边缘具波状齿或浅裂，腹面深绿色，背面浅绿色；侧脉每边 5 ～ 6 条，与网脉同在两面略凸起；中央小叶柄长 2 ～ 4 cm，侧生小叶柄长 6 ～ 12 mm。总状花序自短枝上簇生叶中抽出，下部有 1 ～ 2 朵雌花，以上有 15 ～ 30 朵雄花，长 6 ～ 16 cm；总花梗纤细，长约 5 cm。雄花：花梗丝状，长 2 ～ 5 mm；萼片 3 枚，淡紫色，阔椭圆形或椭圆形，长 2.5 ～ 3.0 mm；雄蕊 6 枚，离生，排列为杯状，花丝极短，药室在开花时内弯；退化心皮 3 个，长圆状锥形。雌花：花梗稍较雄花的粗，长 1.5 ～ 3.0 cm；萼片 3 枚，紫褐色，近圆形，长 10 ～ 12 mm，宽约 10 mm，先端圆而略凹入，开花时广展反折；退化雄蕊 6 枚或更多，小，长圆形，无花丝；心皮 3 ～ 9 个，离生，圆柱形，直，长（3）4 ～ 6 mm，柱头头状，具乳突，橙黄色。果长圆形，长 6 ～ 8 cm，直径 2 ～ 4 cm，直或稍弯，成熟时灰白色略带淡紫色。种子极多数，扁卵形，长 5 ～ 7 mm，宽 4 ～ 5 mm，种皮红褐色或黑褐色，稍有光泽。花期 4—5 月，果期 7—8 月。

2. 分布

三叶木通在国外分布于日本，在中国分布于河北、山西、山东、河南、陕西南部、甘肃东南部至长江流域各省份。常生于海拔 250 ～ 2000 m 的山地沟谷边疏林或丘陵灌丛中。

3. 功能与主治

三叶木通具有利尿通淋、清心除烦、通经下乳的功效，主治淋证、水肿、心烦尿赤、口舌生疮、经闭乳少、湿热痹痛等症。

4. 种植质量管理规范

（1）种植地选择

选择土层深厚（大于 60 cm）、光照条件好的林地种植。

（2）整地

建园时应挖穴或开壕沟，并施足基肥。种植穴以宽 1 m×1 m、深 60～80 cm 为宜，壕沟宽 60～80 cm、深 60～80 cm。

（3）栽植

秋冬季至翌年春季萌芽前种植，种植密度为（2～3）m×3 m，每穴 2 株。

（4）田间管理

①水。栽植后浇透定根水，果实生长期水分需求量大，应加大水分补给。其他时间注意灌溉和排水，旱季适当浇水，雨季及时排除积水。

②肥。9 月至翌年 2 月施基肥，以有机肥料为主，可适当拌入磷肥或复合肥料。三叶木通生长旺盛，后期需追肥。幼树在萌芽后追肥 1 次；结果树追肥 2～3 次，第 1 次追肥在 5 月中下旬，第 2 次追肥在 7 月上旬，追施速效氮肥及磷钾肥。成年植株一般每年施氮素 0.5 kg/株、磷 0.3 kg/株、钾 0.4 kg/株。

③中耕除草。定植后在冬季施肥的同时进行深翻扩穴。林地早期可间作套种，结合间作物进行除草。

④套种覆盖。在三叶木通幼树时期进行套种和覆盖，可有效防止水分蒸发。

⑤促花保果。三叶木通生理性落果严重，可在花前 10～25 天喷施爱多收 2～3 次，以提高坐果率。

⑥整形修剪。整形主要以疏散分层为宜，最终形成自然开心形树形。夏季及时剪除多余的萌条，将过旺的新梢摘心。冬季修剪要协调好骨干枝、结果枝和徒长枝的比例，剪除病枝、虫害枝和过密枝。

（5）病虫害防治

病害主要有炭疽病、角斑病、圆斑病和枯病等，虫害主要有梢鹰夜蛾、茶黄毒蛾、金龟子、蛀干天牛、白吹绵蚧、蚜虫、红蜘蛛等。冬季剪除病虫枝，清理病斑，集中烧毁落叶病枝。新梢抽发至花前喷施 2～3 次石硫合剂，幼果期喷施 1～2 次 5000 倍液波尔多液。果实生长期应根据气候情况喷药防治炭疽病和其他叶部病害。

5. 采收质量管理规范

（1）采收时间

9 月初采收果实，11 月中旬采收茎藤药材。

（2）采收方法

9 月当果实果皮转为淡紫色、开始软化时采收果实。11 月中旬采收 3 年生以上植株的主茎茎段。

（3）保存方法

三叶木通用于鲜食的果实，采摘后即可上市；用于非鲜食的果实和茎藤可阴干或 60 ℃烘干干燥保存。

6. 质量要求及分析方法

【性状】本品呈圆柱形，常稍扭曲，长 30 ～ 70 cm，直径 0.5 ～ 2.0 cm。表面灰棕色至灰褐色，外皮粗糙而有许多不规则的裂纹或纵沟纹，具突起的皮孔。节部膨大或不明显，具侧枝断痕。体轻，质坚实，不易折断，断面不整齐，皮部较厚，黄棕色，可见淡黄色颗粒状小点，木部黄白色，射线呈放射状排列，髓小或有时中空，黄白色或黄棕色。气微，味微苦而涩。

【鉴别】

①本品粉末浅棕色或棕色。含晶石细胞方形或长方形，径 10 ～ 40 μm，胞腔内含密集的小棱晶，周围常可见含晶石细胞。木纤维长梭形，直径 8 ～ 28 μm，壁增厚，具裂隙状单纹孔或小的具缘纹孔。具缘纹孔导管直径 20 ～ 110（220）μm，纹孔椭圆形、卵圆形或六边形。

②取本品粉末 1 g，加 70% 甲醇 50 mL，超声处理 30 分钟，滤过，滤液蒸干，残渣加水 10 mL 使溶解，用乙酸乙酯振摇提取 3 次，每次 10 mL，合并乙酸乙酯液，蒸干，残渣加甲醇 1 mL 使溶解，作为供试品溶液。另取木通苯乙醇苷 B 对照品，加甲醇制成每 1 mL 含 1 mg 的溶液，作为对照品溶液。照薄层色谱法（通则 0502）试验，吸取上述两种溶液各 5 μL，分别点于同一硅胶 G 薄层板上，以三氯甲烷 – 甲醇 – 水（30：10：1）为展开剂，展开，取出，晾干，喷以 2% 香草醛硫酸溶液，在 105 ℃加热至斑点显色清晰。供试品色谱中，在与对照品色谱相应的位置上，显相同颜色的斑点。

【检查】水分不得过 10.0%（通则 0832 第二法），总灰分不得过 6.5%（通则 2302）。

【浸出物】照醇溶性浸出物测定法（通则 2201）项下的热浸法测定，用稀乙醇作溶剂，不得少于 13.0%。

【含量测定】照高效液相色谱法（通则 0512）测定。

色谱条件与系统适用性试验：以十八烷基硅烷键合硅胶为填充剂；以甲醇－水－磷酸溶液（35：65：0.5）为流动相；检测波长为 330 nm。理论板数按木通苯乙醇苷 B 峰计算应不低于 3000。

对照品溶液的制备：取木通苯乙醇苷 B 对照品适量，精密称定，加甲醇制成每 1 mL 含 40 μg 的溶液，即得。

供试品溶液的制备：取本品粉末（过四号筛）约 0.5 g，精密称定，置具塞锥形瓶中，精密加入 70% 甲醇 25 mL，称定重量，加热回流 45 分钟，放冷，再称定重量，用 70% 甲醇补足减失的重量，摇匀，滤过，精密量取续滤液 4 mL，置 10 mL 量瓶中，加 70% 甲醇至刻度，摇匀，滤过，取续滤液，即得。

测定法：分别精密吸取对照品溶液与供试品溶液各 5 μL，注入液相色谱仪，测定，即得。

本品按干燥品计算，含木通苯乙醇苷 B（$C_{23}H_{26}O_{11}$）不得少于 0.15%。

山鸡椒

【拉丁学名】*Litsea cubeba* (Lour.) Pers.。

【科属】樟科（Lauraceae）木姜子属（*Litsea*）。

1. 形态特征

落叶灌木或小乔木。植株高达 8～10 m。幼树树皮黄绿色，光滑，老树树皮灰褐色；小枝细长，绿色，无毛，枝、叶具芳香味；顶芽圆锥形，外面具柔毛。叶互生，披针形或长圆形，长 4～11 cm，宽 1.1～2.4 cm，先端渐尖，基部楔形，纸质，腹面深绿色，背面粉绿色，两面均无毛，羽状脉，侧脉每边 6～10 条，纤细，中脉、侧脉在两面均突起；叶柄长 6～20 mm，纤细，无毛。伞形花序单生或簇生，总梗细长，长 6～10 mm；苞片边缘有睫毛；每花序有花 4～6 朵，先叶开放或与叶同时开放，花被裂片 6 枚，宽卵形；能育雄蕊 9 枚，花丝中下部有毛，第 3 轮基部的腺体具短柄；退化雌蕊无毛；雌花中退化雄蕊中下部具柔毛；子房卵形，花柱短，柱头头状。果近球形，直径约 5 mm，无毛，幼时绿色，成熟时黑色，果梗长 2～4 mm，先端稍增粗。花期 2—3 月，果期 7—8 月。

2. 分布

山鸡椒在中国分布于广东、广西、福建、台湾、浙江、江苏、安徽、湖南、湖北、江西、贵州、四川、云南、西藏。常生于向阳的山地、灌丛、疏林或林中路旁、水边，海拔 500～3200 m。

3. 功能与主治

山鸡椒具有祛风散寒、理气止痛的功效。根：主治胃寒呕逆、脘腹冷痛、寒疝腹痛、寒湿郁滞、小便浑浊等症；叶：外用治痈疖肿痛、乳腺炎、虫蛇咬伤等症，或预防蚊虫叮咬；籽：主治感冒头痛、消化不良、胃痛等症。

4. 种植质量管理规范

（1）种植地选择

选择光照充足、土层深厚的山坡缓地、旱坡地、山边田种植。

（2）整地

于栽种前的夏季、秋季进行整地。挖除乔灌木、竹类、高大杂草，清除石块，深挖 30～40 cm，整成 3～4 m 长的水平种植带。在平地或山边田种植的，开好深 40～50 cm 的排水沟后，整成 2 m 宽的垄畦。于栽种前结合整地以间距 3 m 的距离挖规格为 60 cm×60 cm×60 cm 的种植穴，每穴施农家有机肥料 15～20 kg 或商品有机肥料 5.0～7.5 kg，加钙镁磷肥 12 kg 与土壤混匀，覆土 10 cm 厚，待种。

（3）播种

山苍子秋播和春播均可，采用条播方式最佳。播种沟宽 10 cm 左右，深 2～3 cm，沟间距离为 30～40 cm，播种量一般为 50～100 kg/hm^2。播种时先将种子均匀地撒在播种沟内，然后用细土覆盖，喷 1 次透水，盖上塑料薄膜。

（4）栽植

栽种一般于 11 月进行，栽植时将种植穴挖开，每穴 1 株，覆土至与畦面持平后上覆一层约 2 cm 厚的松土，栽后浇透定根水。因山苍子为雌雄异株植物，故种植时雄株的比例以 10% 左右为宜。

（5）田间管理

①水。严重干旱天气要做好抗旱护苗工作，雨季要做好清沟排水工作，以防积水浸渍危害。

②肥。栽后前 2 年每年施肥 2 次，第 1 次在 5 月，每株施复合肥料 0.5 kg；第 2 次在 11 月，每株施复合肥料 0.8 kg。栽后第 3 年进入投产期，每年 2—3 月追施花前肥，每株施三元复合肥料 1 kg；3 月追施壮果肥，每株施三元复合肥料 1 kg；9 月下旬至 10 月施采后基肥，每株施三元复合肥料 2 kg。

③除草。除草结合施肥进行，除去乔灌木、竹类、高大杂草，留置矮生杂草实行生草栽培，以提高地表覆盖率。

④整形修剪。移栽成活后从离地面 15～25 cm 处剪去主干顶部，成株后的 11 月左右再进行 1 次修剪，剪去冠层新枝的 1/3 左右。

（6）病虫害防治

山苍子的果实、花、叶、木材及根均含有芳香油，有芳香气味，因此病虫害很少，以预防为主。

5. 采收质量管理规范

（1）采收时间

供药用的，于9—10月果皮由绿色转为紫黑色时采收果实；供香料使用的，采收期应适当提前，以果皮绿色或开始黄绿色时采收为宜；用作加工生产山苍子油的，应延迟至果皮变成黑色时采收。

（2）采收方法

矮树或低部可立地采摘，高的部位可用人字梯爬高采摘。采收时应注意不损伤枝叶、花芽。采收时在树下铺塑料薄膜接果实，除去杂质，并用竹篓盛装。采回后及时送去加工，以免果实挤压破碎或发酵腐烂，影响精油质量。

（3）保存方法

果实采下至加工，中间贮存时间以不超过3天为好，因为贮存过久不但会降低山苍子的油产率，还会降低山苍子油中柠檬醛的含量。

肾茶

【拉丁学名】*Clerodendranthus spicatus*（Thunb.）C. Y. Wu ex H. W. Li。

【科属】唇形科（Lamiaceae）肾茶属（*Clerodendranthus*）。

1. 形态特征

多年生草本。茎直立，高 1.0～1.5 m，四棱形，具浅槽及细条纹，被倒向短柔毛。叶卵形、菱状卵形或卵状长圆形，长（1.2）2.0～5.5 cm，宽（0.8）1.3～3.5 cm，先端急尖，基部宽楔形至截状楔形，边缘具粗牙齿或疏圆齿，齿端具小突尖，纸质，腹面榄绿色，背面灰绿色，两面均被短柔毛及散布凹陷腺点，腹面被毛较疏，侧脉 4～5 对，斜上升，两面略显著；叶柄长（3）5～15 mm，腹平背凸，被短柔毛。轮伞花序 6 朵花，在主茎及侧枝顶端组成具总梗长 8～12 cm 的总状花序；苞片圆卵形，长约 3.5 mm，宽约 3 mm，先端骤尖，全缘，具平行的纵向脉，上面无毛，下面密被短柔毛，边缘具小缘毛；花梗长达 5 mm，与序轴被短柔毛；花萼卵珠形，长 5～6 mm，宽约 2.5 mm，外面被微柔毛及突起的锈色腺点，内面无毛，二唇形，上唇圆形，长宽约 2.5 mm，边缘下延至萼筒，下唇具 4 齿，齿三角形，先端具芒尖，前 2 齿比侧 2 齿长 1 倍，边缘均具短睫毛，果时花萼增大，长达 1.1 cm，宽至 5 mm，10 脉明显，其间网脉清晰可见，上唇明显外反，下唇向前伸；花冠浅紫色或白色，外面被微柔毛，在上唇上疏布锈色腺点，内面在冠筒下部疏被微柔毛，冠筒狭管状，长 9～19 mm，近等大，直径约 1 mm，冠檐大，二唇形，上唇大，外反，直径约 6 mm，3 裂，中裂片较大，先端微缺，下唇直伸，长圆形，长约 5 mm，宽约 2.5 mm，微凹；雄蕊 4 枚，超出花冠 2～4 cm，前对略长，花丝长丝状，无齿，花药小，药室叉开；花柱长长地伸出，先端棒状头形，2 浅裂；花盘前方呈指状膨大。小坚果卵形，长约 2 mm，宽约 1.6 mm，深褐色，具皱纹。花、果期 5—11 月。

2. 分布

肾茶在中国分布于广东、海南、广西南部、云南南部、台湾及福建。常生于林下潮湿处，有时也见于无荫平地上，海拔上达 1050 m，更多为人工栽培。

3. 功能与主治

肾茶具有清热祛湿、排石利尿的功效，主治急性肾炎、慢性肾炎、膀胱炎、尿路结石、胆结石等症。

4. 种植质量管理规范

（1）种植地选择

选择土质疏松、排水良好的地块种植。

（2）整地

将地块翻松后起 1.2 ～ 1.5 m 高的畦，施厩肥 10000 kg/hm^2，深翻 25 cm，随深翻撒施氮磷钾复合肥料 750 kg/hm^2，耙细、整平，做 1 m 宽的平畦。按株行距 30 cm×30 cm 开穴，穴内施腐熟的有机肥料作基肥。

（3）育苗

种子繁殖选春末夏初成熟的饱满种子，随采随播。播前将种子与细土拌匀，然后撒播在畦面上，覆土厚 1 ～ 2 cm，最后盖草浇水。播后 15 天左右出苗，出苗后立即揭草。苗期注意除草和浇水，并追施少量稀薄的氮肥 1 ～ 2 次。

扦插繁殖于 3—4 月间选择主枝或侧枝。剪成长 10 ～ 15 cm 的插穗，适当修剪部分叶片，按行距 5 cm×10 cm 或 5 cm×15 cm 斜插于苗床中，入土深度为插穗长度的 1/2。插后稍压紧，浇水，经常保持土壤湿润。

（4）栽植

种子育苗 1 个半月以上、苗高 10 ～ 15 cm 即可选阴天或小雨天定植；扦插苗 7 ～ 12 天生根，生根后 1 个星期即可定植。

（5）田间管理

①水。定植后或生长期，雨季应注意排水，以免积水烂根；天气干旱时及时浇水，保持土表湿润。

②肥。从种植成活到收获前，每隔 30 ～ 45 天施肥 1 次，肥料以尿素为主。第 2 次收获后，追施适量的磷钾肥，并进行培土，以利于地下部分安全越冬。

③除草。苗高 15 cm 时进行中耕除草，连锄 2 遍，松土宜浅。

④摘除花蕾。花期为 4—9 月，现花蕾时及时去除，使养分集中于营养体生长。

⑤防寒防冻。在气温较低的地区栽培，冬季用柴草或农膜覆盖，翌年春天去掉覆盖物。

（6）虫害防治

虫害主要有根瘤线虫、蚜虫、卷叶蛾和黏虫等。根瘤线虫可采用水旱轮作防治，蚜虫、卷叶蛾和黏虫等可喷施 40% 乐果乳剂 500 倍液或 90% 敌百虫 500 倍液进行防治。

5. 采收质量管理规范

（1）采收时间

一般每年可采收 2～3 次，第 1 次在 4—5 月，第 2 次在 10—11 月。若管理得好，每年可采收 4 次，每次在现蕾开花前采收为佳。

（2）采收方法

晴天在离地面 5～10 cm 处割取枝叶，晒至七八成干时捆扎成把，继续晒至全干。

（3）保存方法

可趁鲜切段，晒干后作为成品出售。

守宫木

【拉丁学名】*Sauropus androgynus*（L.）Merr.。

【科属】大戟科（Euphorbiaceae）守宫木属（*Sauropus*）。

1. 形态特征

灌木。植株高 1～3 m。小枝绿色，长而细，幼时上部具棱，老渐圆柱状；全株均无毛。叶片近膜质或薄纸质，卵状披针形、长圆状披针形或披针形，长 3～10 cm，宽 1.5～3.5 cm，顶端渐尖，基部楔形、圆或截形；侧脉每边 5～7 条，腹面扁平，背面凸起，网脉不明显；叶柄长 2～4 mm；托叶 2 枚，着生于叶柄基部两侧，长三角形或线状披针形，长 1.5～3.0 mm。雄花：1～2 朵腋生，或几朵与雌花簇生于叶腋，直径 2～10 mm；花梗纤细，长 5.0～7.5 mm；花盘浅盘状，直径 5～12 mm，6 浅裂，裂片倒卵形，覆瓦状排列，无退化雌蕊；雄花 3 朵，花丝合生呈短柱状，花药外向，2 室，纵裂；花盘腺体 6 条，与萼片对生，上部向内弯而将花药包围。雌花：通常单生于叶腋；花梗长 6～8 mm；花萼 6 深裂，裂片红色，倒卵形或倒卵状三角形，长 5～6 mm，宽 3.0～5.5 mm，顶端钝或圆，基部渐狭而成短爪，覆瓦状排列；无花盘；雌蕊扁球状，直径约 1.5 mm，高约 0.7 mm，子房 3 室，每室 2 颗胚珠，花柱 3 枚，顶端 2 裂。蒴果扁球状或圆球状，直径约 1.7 cm，高约 1.2 cm，乳白色，宿存花萼红色；果梗长 5～10 mm。种子三棱状，长约 7 mm，宽约 5 mm，黑色。花期 4—7 月，果期 7—12 月。

2. 分布

守宫木在国外分布于印度、斯里兰卡、老挝、柬埔寨、越南、菲律宾、印度尼西亚和马来西亚等，在中国海南、广东（高要、揭阳、饶平、佛山、中山、新会、珠海、深圳、信宜、广州）和云南（河口、西双版纳等地）均有栽培。常生长于山坡或林缘。

3. 功能与主治

守宫木具有清凉去热、消除头痛、降血压等功效，主治痢疾便血、腹痛经久不愈、淋巴结炎、扁桃体炎、咽喉炎、上呼吸道感染等症。

4. 种植质量管理规范

（1）种植地选择

选择排灌方便、土质肥沃的田块种植。

（2）育苗地整理

苗床选用水稻土或新土，深翻耕耙，使土壤疏松平整，最后1次耕地时施入农家肥、复合肥料作基肥。

（3）育苗

生产上主要采用扦插繁殖进行育苗。选取无病虫害的健壮植株，剪取长 12～15 cm、具有 2～3 个节的枝条作为插穗，按株距 10 cm、行距 15 cm 进行扦插，入土深度为插条的 1/3～1/2。扦插后立即浇透水，苗床上搭盖遮阳网遮阴。

（4）栽植

单线条栽培：行距 1.0～1.2 cm，株距 45～50 cm，定植沟宽 30 cm、深 40 cm，每亩定植 1200～1500 株；大小行栽培：大行距 2 m，小行距 0.5 m，株距 0.5 m，定植沟宽 50 cm、深 40 cm，每亩定植 1800 株左右。定植时，单线条栽培苗定植于行中间，大小行栽培苗定植于沟两侧，三角错位栽培。

（5）田间管理

①水。高温干旱季节增加浇水次数，收获期也需保持土壤湿润，雨季要防止涝渍。

②肥。整地与移栽时施足基肥，每年追肥至少3次。第1次在2—3月，第2次在6月，第3次在8月，每次亩施尿素 30～40 kg、三元复合肥料 50 kg。冬季沟施1次，每亩施腐熟农家肥 1000～1500 kg。采收期每隔7天叶面喷施 0.1%～0.3% 的尿素加 0.1%～0.3% 的磷酸二氢钾。

③中耕除草。进入采收期后，每个月结合除草等进行培土。秋季、冬季停止采收后，结合剪除植株施肥培土。

④整形修剪。当植株长至 20～30 cm 高时进行打顶，待侧芽长至 10 cm 以上时再次打顶，如此反复打顶 2～3 次。投产后结合采收进行整枝。第1次整枝，将植株控制在高 30 cm 左右；第2次整枝，植株封行后调整至高 50 cm 左右；第3次整枝，采收3个月后高度控制在 60 cm 以内。后期剪除老枝、弱叶和紧贴地面的基叶。

（6）病虫害防治

偶见病害有茎腐病，可喷施多菌灵、百菌清等防治。

偶见虫害有尺蠖、斜纹夜蛾、毒蛾、蜗牛、粉蚧等，可喷施芽孢杆菌杀虫剂等药剂防治，喷药后 15 天内严禁采摘销售。

5. 采收质量管理规范

（1）采收时间

早春种植的植株一般在 4 月中旬即可进入采收期，宿根繁殖的可在 3 月下旬至 4 月上旬开始采收。每年可采收至 10 月底，嫩叶的采收全年可进行，可连续采摘 5—6 年。

（2）采收方法

采收长 15 cm 左右的嫩茎，采收后去除下端老化的第 3 片或第 4 片以下的复叶。在干旱高温时应提前采收，采收时嫩梢不留节位，尽量在紧靠分生节位处折断，同时不要损伤分生节位。

（3）保存方法

采收后捆扎成束即可出售，守宫木嫩梢在常温下可保存 1 周以上，或采用真空包装封口、存贮。

菘蓝

【拉丁学名】*Isatis tinctoria* L.。

【科属】十字花科（Brassicaceae）菘蓝属（*Isatis*）。

1. 形态特征

2 年生草本。高 30～120 cm。茎直立，茎及基生叶背面带紫红色，上部多分枝，植株被白色柔毛（尤以幼苗为多），稍带白粉霜。基生叶莲座状，长椭圆形至长圆状倒披针形，长 5～11 cm，宽 2～3 cm，灰绿色，顶端钝圆，边缘有浅齿，具柄；茎生叶长 6～13 cm，宽 2～3 cm，基部耳状多变化，锐尖或钝，半抱茎，叶全缘或有不明显锯齿，叶缘及背面中脉具柔毛。萼片近长圆形，长 1.0～1.5 mm；花瓣黄色，宽楔形至宽倒披针形，长 3.5～4.0 mm，顶端平截，基部渐狭，具爪。短角果宽楔形，长 1.0～1.5 cm，宽 3～4 mm，顶端平截，基部楔形，无毛，果梗细长。种子长圆形，长 3～4 mm，淡褐色。花期 4—5 月，果期 5—6 月。

2. 分布

菘蓝原产于欧洲，中国有引种栽培。常生于山地林缘较潮湿的地方。

3. 功能与主治

菘蓝具有清热解毒、凉血利咽的功效，主治瘟疫时毒、发热咽痛、温毒发斑、疔腮、烂喉丹痧、大头瘟疫、丹毒、痈肿等症。

4. 种植质量管理规范

（1）种植地选择

选择土层深厚、排水良好、疏松肥沃的沙质土壤或河流冲积土壤种植，过沙、过黏、低洼地易生长不良。

（2）整地

种植前进行深耕，每公顷施腐熟农家肥 7.5 万～10.5 万 kg，均匀撒入地内，翻耕深度 25～35 cm，耕后耙细、整平、做畦。雨水多的地方做高畦，雨水少的地方做平畦。

（3）栽植

用 48% 的氟乐灵乳油稀释液均匀喷于土表，间隔 5 ～ 7 天后播种。播种前种子用 50 ～ 60 ℃的温水浸泡 3 小时，与草木灰拌匀，晾干，在垄上进行条播，播种后在上面覆 1 cm 左右厚的土，略微填压。一般 7 ～ 10 天即可出苗。

（4）田间管理

①水。定苗后不能浇太多水，多雨季节要注意排水，保持土壤湿润，以促进植株正常生长。

②肥。在 5—6 月进行 1 次追肥，按照尿素 200 kg/hm² 或人粪尿 10000 kg/hm² 的标准进行施肥，并施加磷肥 180 kg/hm²。采叶后追肥 1 次，标准为人粪尿 30000 kg/hm² 以及硫酸铵 100 kg/hm²。

③耕地。幼苗出土后进行浅耕，定苗后进行中耕。

④除草。田间除草采用人工除草和化学除草相结合的方式。

⑤间苗与定苗。苗长到 6 cm 左右时进行间苗，根据生长情况留长势较好的幼苗。

（5）病虫害防治

病害主要有霜霉病、黑斑病和白锈病。霜霉病发病初期用 72% 杜邦克露可湿性粉剂稀释 500 倍液或用杀毒剂稀释 800 倍液喷雾防治，每隔 7 ～ 10 天喷施 1 次，连喷 2 ～ 3 次。黑斑病用 10% 苯醚甲环唑水分散粒剂稀释 600 倍液加 70% 甲基托布津可湿性粉剂稀释 800 倍液喷雾防治。白锈病发病初期喷洒 1∶1120 的波尔多液，每间隔 7 天喷洒 1 次，连续喷洒 3 次。

虫害主要有菜粉蝶、蚜虫。菜粉蝶防治要在幼虫时期适时喷洒农药，一般喷洒 20% 氰戊菊酯乳油 2000 倍液或 2.5% 溴氰菊酯 3000 倍液或蔬丹 2000 倍液，连续用药 2 ～ 3 次。蚜虫防治一般选用 40% 氰戊菊酯 6000 倍液或液赛特生 1000 倍液。

5. 采收质量管理规范

（1）采收时间

1 年可采收 3 次。春播者第 1 次采收在夏至前后，割头茬叶子；第 2 次在处暑到白露之间；第 3 次在霜降前。秋播的可在翌年 4—5 月开花时采收第 1 次；第 2、3 次与春播采收时间相同。

（2）采收方法

人工采收或机械采收。收割时从离地面 1 ～ 2 cm 处采收。

（3）保存方法

叶子收回后晒干或烘干即可；根去净芦头和泥土，晒干或烘干保存即可。

6. 质量要求及分析方法

【性状】本品呈圆柱形，稍扭曲，长 10 ～ 20 cm，直径 0.5 ～ 1.0 cm。表面淡灰黄色或淡棕黄色，有纵皱纹、横长皮孔样突起及支根痕。根头略膨大，可见暗绿色或暗棕色轮状排列的叶柄残基和密集的疣状突起。体实，质略软，断面皮部黄白色，木部黄色。气微，味微甜后苦涩。

【鉴别】

①本品横切面：木栓层为数列细胞。栓内层狭。韧皮部宽广，射线明显。形成层成环。木质部导管黄色，类圆形，直径约至 80 μm；有木纤维束。薄壁细胞含淀粉粒。

②取本品粉末 0.5 g，加稀乙醇 20 mL，超声处理 20 分钟，滤过，滤液蒸干，残渣加稀乙醇 1 mL 使溶解，作为供试品溶液。另取板蓝根对照药材 0.5 g，同法制成对照药材溶液。再取精氨酸对照品，加稀乙醇制成每 1 mL 含 0.5 mg 的溶液，作为对照品溶液。照薄层色谱法（通则 0502）试验，吸取上述 3 种溶液各 1 ～ 2 μL，分别点于同一硅胶 G 薄层板上，以正丁醇 – 冰醋酸 – 水（19∶5∶5）为展开剂，展开，取出，热风吹干，喷以茚三酮试液，在 105 ℃加热至斑点显色清晰。供试品色谱中，在与对照药材色谱和对照品色谱相应的位置上，显相同颜色的斑点。

③取本品粉末 1 g，加 80% 甲醇 20 mL，超声处理 30 分钟，滤过，滤液蒸干，残渣加甲醇 1 mL 使溶解，作为供试品溶液。另取板蓝根对照药材 1 g，同法制成对照药材溶液。再取（R, S）– 告依春对照品，加甲醇制成每 1 mL 含 0.5 mg 的溶液，作为对照品的溶液。照薄层色谱法（通则 0502）试验，吸取上述 3 种溶液各 5 ～ 10 μL，分别点于同一硅胶 GF$_{254}$ 薄层板上，以石油醚（60 ～ 90 ℃）– 乙酸乙酯（1∶1）为展开剂，展开，取出，晾干，置紫外光灯（254 nm）下检视。供试品色谱中，在与对照药材色谱和对照品色谱相应的位置上，显相同颜色的斑点。

【检查】水分不得过 15.0%（通则 0832 第二法），总灰分不得过 9.0%（通则 2302），酸不溶性灰分不得过 2.0%（通则 2302）。

【浸出物】照醇溶性浸出物测定法（通则 2201）项下的热浸法测定，用 45% 乙醇作溶剂，不得少于 25.0%。

【含量测定】照高效液相色谱法（通则 0512）测定。

色谱条件与系统适用性试验：以十八烷基硅烷键合硅胶为填充剂；以甲醇 –0.02%

磷酸溶液（7∶93）为流动相；检测波长为 245 nm。理论板数按（R, S）– 告依春峰计算应不低于 5000。

对照品溶液的制备：取（R, S）– 告依春对照品适量，精密称定，加甲醇制成每 1 mL 含 40 µg 的溶液，即得。

供试品溶液的制备：取本品粉末（过四号筛）约 1 g，精密称定，置圆底瓶中，精密加入水 50 mL，称定重量，煎煮 2 小时，放冷，再称定重量，用水补足减失的重量，摇匀，滤过，取续滤液，即得。

测定法：分别精密吸取对照品溶液与供试品溶液各 10 ～ 20 µL，注入液相色谱仪，测定，即得。

本品按干燥品计算，含（R, S）– 告依春（C_5H_7NOS）不得少于 0.020%。

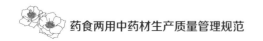

台湾海棠

【拉丁学名】*Malus doumeri*（Bois）A. Chev.。

【科属】蔷薇科（Rosaceae）苹果属（*Malus*）。

1. 形态特征

乔木。植株高达 15 m。小枝圆柱形，嫩枝被长柔毛，老枝暗灰褐色或紫褐色，无毛，具稀疏纵裂皮孔；冬芽卵形，先端急尖，被柔毛或仅在鳞片边缘有柔毛，红紫色。叶片长椭卵形至卵状披针形，长 9 ～ 15 cm，宽 4.0 ～ 6.5 cm，先端渐尖，基部圆形或楔形，边缘有不整齐尖锐锯齿，嫩时两面有白色茸毛，成熟时脱落；叶柄长 1.5 ～ 3.0 cm，嫩时被茸毛，以后脱落无毛；托叶膜质，线状披针形，先端渐尖，全缘，无毛，早落。花序近似伞形，有花 4 ～ 5 朵，花梗长 1.5 ～ 3.0 cm，有白色茸毛；苞片膜质，线状披针形，先端钝，全缘，无毛；花直径 2.5 ～ 3.0 cm；萼筒倒钟形，外面有茸毛；萼片卵状披针形，先端渐尖，全缘，长约 8 mm，内面密被白色茸毛，与萼筒等长或稍长；花瓣卵形，基部有短爪，黄白色；雄蕊约 30 枚，花药黄色；花柱 4 ～ 5 枚，基部有长茸毛，较雄蕊长，柱头半圆形。果实球形，直径 4.0 ～ 5.5 cm，黄红色；宿萼有短筒，萼片反折，先端隆起，果心分离，外面有点，果梗长 1 ～ 3 cm。

2. 分布

台湾海棠在国外分布于越南、老挝，在中国主要分布于台湾。林中常见，海拔 1000 ～ 2000 m。

3. 功能与主治

台湾海棠具有理气健脾、消食导滞的功效，主治食积停滞、胸腹胀满疼痛、大便泄泻等症。

4. 种植质量管理规范

（1）种植地选择

选择土壤肥沃、土质疏松、排水良好、地势平缓的向阳地块种植。如果是坡地，则坡度一般不大于15°。

（2）整地

在种植地中施入腐熟的农家肥，同时撒施5%的多菌灵等广谱性杀菌剂，深翻，耙细，整平。

（3）育苗

秋季选择年年丰产又不易裂果的植株，采摘果大、形正、质优且成熟的果实，取出种子洗净晾干，先用50℃左右温水浸泡种子，然后放置到湿润条件下保湿培养，待种子露白时选取芽势粗壮的健康种子播种到已整好的地中。种子间距8~10cm，行距15~20cm，覆盖厚约2cm的细土。为提高地温，可在地表覆盖薄膜或搭建小拱棚。

（4）定植

当种子苗长至60cm以上时定植，定植时要施足基肥，浇足定根水。

（5）田间管理

①水。幼苗期浇水应少量多次，最好采用喷雾方式。

②肥。整地时施入腐熟的农家肥或有机肥料作底肥，新芽萌发时及时追肥，每年追施2~3次，分别在雨水前后、小满前后及采果后进行。

③除草。种植完后，豆类、马铃薯等矮小作物或草本植物可在行间套种。结合间作作物进行中耕除草和追肥。此外，还要定期对园区进行清杂，除尽杂草、杂灌等。

（6）病害防治

发现传染性病害时要及时剔除病苗，集中焚烧处理，并用生石灰对周边土壤进行消毒。发生非传染性病害时，可直接喷洒药剂防治。

5. 采收质量管理规范

（1）采收时间

8月下旬至9月果实成熟时采摘。

（2）采收方法

当果实软熟裂开，果色稍转青黄色、果皮裂痕呈白色时带柄采摘。

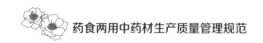

桃金娘

【拉丁学名】*Rhodomyrtus tomentosa*（Ait.）Hassk.。

【科属】桃金娘科（Myrtaceae）桃金娘属（*Rhodomyrtus*）。

1. 形态特征

灌木。植株高 1 ～ 2 m。嫩枝有灰白色柔毛。叶对生，革质，叶片椭圆形或倒卵形，长 3 ～ 8 cm，宽 1 ～ 4 cm，先端圆或钝，常微凹入，有时稍尖，基部阔楔形，腹面初时有毛，以后变无毛，发亮，背面有灰色茸毛，离基三出脉，直达先端且相结合，边脉离边缘 3 ～ 4 mm，中脉有侧脉 4 ～ 6 对，网脉明显；叶柄长 4 ～ 7 mm。花有长梗，常单生，紫红色，直径 2 ～ 4 cm；萼管倒卵形，长 6 mm，有灰茸毛，萼裂片 5 枚，近圆形，长 4 ～ 5 mm，宿存；花瓣 5 枚，倒卵形，长 1.3 ～ 2.0 cm；雄蕊红色，长 7 ～ 8 mm；子房下位，3 室，花柱长 1 cm。浆果卵状壶形，长 1.5 ～ 2.0 cm，宽 1.0 ～ 1.5 cm，成熟时紫黑色。种子每室 2 列。花期 4—5 月。

2. 分布

桃金娘在国外分布于中南半岛、菲律宾、日本、印度、斯里兰卡及印度尼西亚等地，在中国分布于台湾、福建、广东、广西、云南、贵州及湖南最南部。常分布于丘陵坡地，为酸性土指示植物。

3. 功能与主治

桃金娘具有清热润肺、滑肠通便的功效，主治肺火燥咳、咽痛失音、肠燥便秘等症。

4. 种植质量管理规范

（1）种植地选择

选择土层深厚、排水良好、光照充足、pH 值为 4.5 ～ 5.0、有机质丰富的沙壤或壤土种植。种植地忌积水、低温霜冻。

（2）整地

平地起垄栽植，丘陵地可沿等高线栽植。挖 50 cm×50 cm×50 cm 的定植穴，收集地表植被和表土与适量过磷酸钙、石灰、有机土杂肥混合后回填。

（3）选苗

选株高 40 cm 以上、基茎直径 0.5 cm 以上的 2 年生或 3 年生健壮、根系发达、无病虫害的苗木。

（4）栽植

春梢抽吐前进行定植。按行距 2.0 ～ 3.0 m、株距 1.2 ～ 1.5 m 将苗木放入定植穴中央，填入松散土壤，定植后浇透定根水。

（5）田间管理

①水。生长期和果实膨大期田间持水量保持在 60% ～ 80%，花芽分化期持水量保持在 60% 左右，晚秋后减少浇水次数。

②肥。定植后前两年早春萌芽前和采收后按 $N：P_2O_5：K_2O=1：0.4：0.66$ 配施氮磷钾肥，盛果期按照 $N：P_2O_5：K_2O=1：0.49：1.05$ 配施氮磷钾肥。施肥方法可采用环状沟施法、放射沟施法、对面沟施法、穴施法等。

③整形修剪。定植不满 3 年的幼树修剪以去除花芽、细弱枝条和小枝为主，第 3 ～ 4 年以扩大树冠为主。成龄树剪除细弱枝、衰老枝、病虫枝、过密枝条，回缩老枝。

（6）病虫害防治

病害主要有炭疽病、果腐病、煤烟病等。炭疽病、果腐病和煤烟病可用 50% 代森锌、50% 甲基托布津 500 倍液或 75% 百菌清 500 倍液防治。

虫害主要有蚜虫、粉虱、果蝇、蟋蟀、天牛及鸟类等。蚜虫、粉虱等用 25% 扑虱灵 800 倍液或 40% 速扑杀 800 倍液防治，果蝇用 50% 辛硫磷乳油 800 倍液喷施防治，蟋蟀、天牛等用毒死蜱 500 倍液喷施防治。

5. 采收质量管理规范

（1）采收时间

夏、秋季节果实成熟时于晴天无露水时进行采收。

（2）采收方法

果实由青色到红色再到紫黑色时为成熟，分批进行采收，一般 2 ～ 3 天采收 1 次。采摘时注意轻摘、轻拿、轻放。

（3）保存方法

采用干藏的方法保存。干藏工艺：鲜果采收→预处理→气蒸（蒸透后继续蒸 1 ～ 2 分钟）→ 60 ℃间歇鼓风烘干至含水率为 12% →冷却→密封包装→避光存放。

铁皮石斛

【拉丁学名】*Dendrobium officinale* Kimura et Migo。

【科属】兰科（Orchidaceae）石斛属（*Dendrobium*）。

1. 形态特征

茎直立，圆柱形，长 9 ～ 35 cm，粗 2 ～ 4 mm，不分枝，具多节，节间长 1.0 ～ 3.0（～ 1.7）cm，常在中部以上互生 3 ～ 5 片叶。叶二列，纸质，长圆状披针形，长 3 ～ 4（～ 7）cm，宽 9 ～ 11（～ 15）mm，先端钝并且多少钩转，基部下延为抱茎的鞘，边缘和中肋常带淡紫色；叶鞘常具紫斑，老时其上缘与茎松离而张开，并且与节留下 1 个环状铁青的间隙。总状花序常从落了叶的老茎上部发出，具 2 ～ 3 朵花；花序柄长 5 ～ 10 mm，基部具 2 ～ 3 枚短鞘；花序轴回折状弯曲，长 2 ～ 4 cm；花苞片干膜质，浅白色，卵形，长 5 ～ 7 mm，先端稍钝；花梗和子房长 2.0 ～ 2.5 cm；萼片和花瓣黄绿色，近相似，长圆状披针形，长约 1.8 cm，宽 4 ～ 5 mm，先端锐尖，具 5 条脉；侧萼片基部较宽阔，宽约 1 cm；萼囊圆锥形，长约 5 mm，末端圆形；唇瓣白色，基部具 1 个绿色或黄色的胼胝体，卵状披针形，比萼片稍短，中部反折，先端急尖，不裂或不明显 3 裂，中部以下两侧具紫红色条纹，边缘多少波状；唇盘密布细乳突状的毛，并且在中部以上具 1 个紫红色斑块；蕊柱黄绿色，长约 3 mm，先端两侧各具 1 个紫点；蕊柱足黄绿色带紫红色条纹，疏生毛；药帽白色，长卵状三角形，长约 2.3 mm，顶端近锐尖并且 2 裂。花期 3—6 月。

2. 分布

铁皮石斛在中国分布于安徽西南部（大别山）、浙江东部（鄞州、天台、仙居）、福建西部（宁化）、广西西北部（天峨）、四川（地点不详）、云南东南部（石屏、文山、麻栗坡、西畴）。常生于海拔 1600 m 的山地半阴湿的岩石上。

3. 功能与主治

铁皮石斛具有滋阴清热、生津止渴的功效，主治热病伤津、口渴舌燥、病后虚热、胃病、干呕、舌光少苔等症。

4. 种植质量管理规范

（1）种植地选择

选择温暖湿润、冬暖夏凉的适生环境，如半阴半阳的林下或大棚内种植。

（2）整地

地栽宜棚内开沟做畦，畦宽 1.2～1.4 m、长小于 40 m；畦沟、围沟高约 30 cm，沟沟相通；畦面整平，上铺石棉瓦或无纺布。搭架栽培架高以 50～90 cm 为宜，宽 1.0～1.5 m，利于通风，便于操作。遮阳度以 70% 左右为宜。

（3）栽植

①栽培基质。基质主要有树皮、木屑等，地面栽培基质厚度一般控制在 20 cm 以上，下层用 5 cm 左右粒径的粗基质，上层用 3～4 cm 粒径的松树皮；搭架栽培基质用 3～4 cm 粒径的松树皮，厚 6～12 cm。基质使用前需进行发酵、消毒。

②种苗选择。一般选择人工分株繁殖的植株或组培苗。选择 1～2 年生、根系发达、生长健壮的植株作种株，分开成小丛（每丛 2～5 根带叶茎株）；剪去过长须根和老茎，使主茎长 7 cm、粗 0.4 cm，辅茎长 5 cm、粗 0.2 cm 以上；用清水洗去根部附着的琼脂等物；用湿青苔覆盖根部备用。

③栽植。贴树栽培法。选择生长健壮、树皮粗糙的阔叶树为附主，如香樟、梨树等。按 20～40 cm 的间距削去部分树皮，将种苗塞入破皮处，覆盖一层稻草，再用竹篾等将其捆绑固定于树干上，并架设喷淋设备。

阴棚栽培法。建设温室大棚（规格以 25 m×8 m 为宜），棚面盖遮阳网，内设控温控湿设施。选择内径 15～20 cm、高 10～20 cm 的容器作为栽培容器，或选择地栽。首先，起垄，垄宽 1.5 m 左右，然后在垄上用砖砌高约 15 cm 的栽培池。基质用松树皮、腐熟土、碎石、锯末等配成。

（4）田间管理

①水。栽种第 3 天开始浇水，每 5～7 天 1 次。干旱季可早晚喷水，雨季要及时排水。

②肥。施肥一般以浓度 1.0～2.0 g/L 的液体肥为主，每 15 天施 1 次。施肥时间一般在每年 4—10 月的生长期。

③除草。棚外栽植每年至少除草 2 次，第 1 次在春分至谷雨间进行，第 2 次在夏季进行。除草的同时要除去杂物。阴棚栽植还应冬季翻蔸，剪除枯老根、病虫根等。

④密度调整。每年发芽前，剪除丛内老茎、枯茎及过密茎、弱茎，并除去病茎、

病根。

⑤越冬管理。越冬管理主要是保温，常用措施有加膜、烟雾防冻、人工加温等。入冬前适当降低湿度以提高苗木抗性，每 7 ～ 15 天喷水 1 次。

（5）病虫害防治

病害主要有腐烂病、疫病、黑斑病等，虫害主要有蜗牛、蛞蝓、蚜虫、毛虫、菜青虫等。病虫害防治应遵循"预防为先，治疗及时"的原则，合理通风、降湿，开展以竹醋液、石灰、黑光灯诱杀等病虫害综合防治技术措施，也可通过人工捕杀、毒饵诱杀、撒施石灰进行预防。

5. 采收质量管理规范

（1）采收时间

采收时间为 11 月至翌年 3 月。最佳采收时间为花蕾开花前，萌蘖生理年龄 2 年生，保留 1 年生萌蘖。

（2）采收方法

晴天 12 : 00 后采收最佳。采收时使用较锋利的刀片，从距采收节间 1/3 处，向下 45° 角快速割下。

（3）保存方法

除去杂质，剪去部分须根，边加热边扭成螺旋形或弹簧状烘干或截成段，干燥或低温烘干，前者就是通常所说的铁皮风斗，又叫耳环石斛，后者称为铁皮石斛。

6. 质量要求及分析方法

【性状】

铁皮枫斗：本品呈螺旋形或弹簧状，通常为 2 ～ 6 个旋纹，茎拉直后长 3.5 ～ 8.0 cm，直径 0.2 ～ 0.4 cm。表面黄绿色或略带金黄色，有细纵皱纹，节明显，节上有时可见残留的灰白色叶鞘；一端可见茎基部留下的短须根。质坚实，易折断，断面平坦，灰白色至灰绿色，略角质状。气微，味淡，嚼之有黏性。

铁皮石斛：本品呈圆柱形的段，长短不等。

【鉴别】

①本品横切面：表皮细胞 1 列，扁平，外壁及侧壁稍增厚、微木化，外被黄色角质层，有的外层可见无色的薄壁细胞组成的叶鞘层。基本薄壁组织细胞多角形，大小相似，其间散在多数维管束，略排成 4 ～ 5 圈，维管束外韧型，外围排列有厚壁的纤维束，有的外侧小型薄壁细胞中含有硅质块。含草酸钙针晶束的黏液细胞多见于

近表皮处。

②取本品粉末 1 g，加三氯甲烷 – 甲醇（9∶1）混合溶液 15 mL，超声处理 20 分钟，滤过，滤液作为供试品溶液。另取铁皮石斛对照药材 1 g，同法制成对照药材溶液，照薄层色谱法（通则 0502）试验，吸取上述两种溶液各 2～5 μL，分别点于同一硅胶 G 薄层板上，以甲苯 – 甲酸乙酯 – 甲酸（6∶3∶1）为展开剂，展开，取出，烘干，喷以 10% 硫酸乙醇溶液，在 95 ℃加热约 3 分钟，置紫外光灯（365 nm）下检视。供试品色谱中，在与对照药材色谱相应的位置上，显相同颜色的荧光斑点。

【检查】水分不得过 12.0%（通则 0832 第二法），总灰分不得过 6.0%（通则 2302）。

【浸出物】照醇溶性浸出物测定法（通则 2201）项下的热浸法测定，用乙醇作溶剂，不得少于 6.5%。

【含量测定】

①多糖。

多糖对照品溶液的制备：取无水葡萄糖对照品适量，精密称定，加水制成每 1 mL 含 90 μg 的溶液，即得。

标准曲线的制备：精密量取对照品溶液 0.2 mL、0.4 mL、0.6 mL、0.8 mL、1.0 mL，分别置 10 mL 具塞试管中，各加水补至 1.0 mL，精密加入 5% 苯酚溶液 1 mL（临用配制），摇匀，再精密加硫酸 5 mL，摇匀，置沸水浴中加热 20 分钟，取出，置冰浴中冷却 5 分钟，以相应试剂为空白，照紫外 – 可见分光光度法（通则 0401），在 488 nm 的波长处测定吸光度，以吸光度为纵坐标，浓度为横坐标，绘制标准曲线。

供试品溶液的制备：取本品粉末（过三号筛）约 0.3 g，精密称定，加水 200 mL，加热回流 2 小时，放冷，转移至 250 mL 量瓶中，用少量水分次洗涤容器，洗液并入同一量瓶中，加水至刻度，摇匀，滤过，精密量取续滤液 2 mL，置 15 mL 离心管中，精密加入无水乙醇 10 mL，摇匀，冷藏 1 小时，取出，离心（转速为 4000 r/min） 20 分钟，弃去上清液（必要时滤过），沉淀加 80% 乙醇洗涤 2 次，每次 8 mL，离心，弃去上清液，沉淀加热水溶解，转移至 25 mL 量瓶中，放冷，加水至刻度，摇匀，即得。

测定法：精密量取供试品溶液 1 mL，置 10 mL 具塞试管中，照标准曲线制备项下的方法，自"精密加入 5% 苯酚溶液 1 mL"起，依法测定吸光度，从标准曲线上读出供试品溶液中无水葡萄糖的量，计算，即得。

本品按干燥品计算，含铁皮石斛多糖以无水葡萄糖（$C_6H_{12}O_6$）计，不得少于 25.0%。

②甘露糖：照高效液相色谱法（通则 0512）测定。

色谱条件与系统适用性试验：以十八烷基硅烷键合硅胶为填充剂；以乙腈 -0.02 mol/L 的乙酸铵溶液（20∶80）为流动相；检测波长为 250 nm。理论板数按甘露糖峰计算应不低于 4000。

校正因子测定：取盐酸氨基葡萄糖适量，精密称定，加水制成每 1 mL 含 12 mg 的溶液，作为内标溶液。另取甘露糖对照品约 10 mg，精密称定，置 100 mL 量瓶中，精密加入内标溶液 1 mL，加水适量使溶解并稀释至刻度，摇匀，吸取 400 μL，加 0.5 mol/L 的 PMP（1- 苯基 -3- 甲基 -5- 吡唑啉酮）甲醇溶液与 0.3 mol/L 的氢氧化钠溶液各 400 μL，混匀，70 ℃水浴反应 100 分钟。再加 0.3 mol/L 的盐酸溶液 500 μL，混匀，用三氯甲烷洗涤 3 次，每次 2 mL，弃去三氯甲烷液，水层离心后，取上清液注入液相色谱仪，测定，计算校正因子。

测定法：取本品粉末（过三号筛）约 0.12 g，精密称定，置索氏提取器中，加 80% 乙醇适量，加热回流提取 4 小时，弃去乙醇液，药渣挥干乙醇，滤纸筒拆开置于烧杯中，加水 100 mL，再精密加入内标溶液 2 mL，煎煮 1 小时并时时搅拌，放冷，加水补至约 100 mL，混匀，离心，吸取上清液 1 mL，置安瓿瓶或顶空瓶中，加 3.0 mol/L 的盐酸溶液 0.5 mL 封口，混匀，110 ℃水解 1 小时，放冷，用 3.0 mol/L 的氢氧化钠溶液调节 pH 值至中性，吸取 400 μL，照校正因子测定方法，自"加 0.5 mol/L 的 PMP 甲醇溶液"起，依法操作，取上清液 10 μL，注入液相色谱仪，测定，即得。

本品按干燥品计算，含甘露糖（$C_6H_{12}O_6$）应为 13.0% ～ 38.0%。

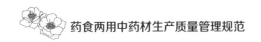

土茯苓

【拉丁学名】*Smilax glabra* Roxb.。

【科属】菝葜科（Smilacaceae）菝葜属（*Smilax*）。

1. 形态特征

攀缘灌木。根状茎块状，常由匍匐茎相连，直径 2 ～ 5 cm；茎长达 4 m，无刺。叶薄革质，窄椭圆状披针形，长 6 ～ 15 cm，宽 1 ～ 7 cm，背面常绿色，有时带苍白色；叶柄长 0.5 ～ 1.5 cm，窄鞘长为叶柄 3/5 ～ 1/4，有卷须，脱落点位于近顶端。花绿白色，六棱状球形，径约 3 mm；雄花外花被片近扁圆形，宽约 2 mm，兜状，背面中央具槽，内花被片近圆形，宽约 1 mm，有不规则齿；雄蕊靠合，与内花被片近等长，花丝极短；雌花外形与雄花相似，内花被片全缘，具 3 枚退化雄蕊。浆果直径 0.7 ～ 1.0 cm，成熟时紫黑色，具粉霜。

2. 分布

土茯苓在国外分布于越南、泰国和印度；在中国于甘肃（南部）和长江流域以南各省份，直到台湾、海南岛和云南均有分布。常生于林中、灌丛下、河岸或山谷中，也见于林缘、疏林中及海拔 1800 m 处。

3. 功能与主治

土茯苓具有解毒、除湿、通利关节的功效，主治梅毒及汞中毒所致的肢体拘挛、筋骨疼痛、湿热淋浊、带下、痈肿、瘰疬、疥癣等症。

4. 种植质量管理规范

（1）选地
选择海拔 1000 m 以下的低山或丘陵疏林地、气候温暖湿润的沙质壤土或黏壤土种植。

（2）整地
育苗整地：翻耕前除去杂物，翻耕后做成高 20 cm、宽 100 ～ 130 cm 的畦。

种植地应深翻 2 遍，耙平，起畦或整理成带，畦面或带宽为 100 ～ 150 cm，按株距 70 ～ 100 cm 挖种植穴，种植穴长、宽、高为 30 cm×30 cm×30 cm。移栽前每穴施 3 ～ 5 kg 的腐熟有机肥料作基肥。

（3）育苗

①采种。9—10 月待果实变黑褐色或紫红色时采收。

②种子处理。种子播种前应晒种 1 ～ 2 天，再将种子与湿度为 60% 的河沙按体积比为 1∶3 的比例混合，装进蛇皮口袋，用脚搓 25 分钟左右，揉搓至种子表面粗糙为止，然后用 40 ℃的温水或 150 mg/L 赤霉素浸种 10 ～ 15 小时。

③播种时间。春播适宜时间为 2—5 月，宜选择 3 月下旬到 4 月上旬时间，即清明节前后。秋播适宜时间为 10—11 月，宜选择雨后 2 ～ 3 天进行。

④播种方法。播种方法可分为床播法和条播法。床播法为：随采随播，将处理后的种子捞起与适量的细沙或火土灰拌匀，均匀撒播于湿润沙床上，播种后在上面覆盖一层细沙或薄泥土，以不见种子为宜。条播法为：在畦面上按行距开 20 ～ 25 cm 的浅沟，将种子均匀地撒入沟内，覆土厚 1 cm 左右，浇水保持土壤湿润，约两周可出苗。每亩播种量以 0.75 ～ 1.50 kg 为宜，每亩产苗以 4 万～ 6 万株为宜，播种后用喷雾器向床面或沟面喷水，加盖遮阳网，使其透光率为 65% 左右。

⑤苗期管理。当幼苗生长到 10 cm 左右时，可进行营养杯（袋）移栽。移栽宜采用规格为 10 cm×10 cm 的营养杯（袋）。移栽基质可选用壤土、沙壤土，宜配施复合肥料（N∶P_2O_5∶K_2O=15∶15∶15）100 ～ 200 g/m³。将营养杯（袋）苗摆放于 100 ～ 150 cm 宽的畦面上。育苗期间保持畦面湿润，雨天注意排水，及时除草。当苗高 30 ～ 40 cm 时可出圃移栽定植。

（4）移栽定植

1—5 月或 10—11 月阴雨天进行移栽。移栽起苗时对营养杯（袋）苗浇 1 次透水，保持土壤湿润。移栽时在地块上按株行距 25 cm×25 cm 开种植穴，每穴移栽 1 株壮苗，填土踩实，再盖土略高于畦面，浇足定根水。

（5）田间管理

①补苗。宜在移栽定植 30 天后进行 1 次查苗补缺，发现死苗、缺苗需及时补苗。

②浇水。移栽定植初期要注意浇水，保持坡面湿润。雨季及时排水，防止积水。

③搭架引蔓。待苗高 30 cm 左右时及时搭架引蔓。

④中耕除草。土茯苓定植后苗木未封行前容易生长杂草，应及时除草，每年除草 2 ～ 3 次，应在每年的春季萌芽前、6—7 月和冬季进行。将植株周围的杂草人工

拔除或使用除草剂除草。冬季除草结合中耕培土进行，土茯苓根不应露出土面，全部封行后不再人工除草。

⑤施肥。追肥可在中耕除草后进行。在整个生长期中不宜施尿素。7—9月每月应撒施1次不含氮素的磷钾复合肥料。种植后每年施肥1～2次。肥料以复合肥料（$N : P_2O_5 : K_2O=15 : 15 : 15$）为主，在距离植株20～30 cm处挖深为15～20 cm的环状沟，每株施复合肥料0.15 kg。

⑥整枝打顶。当枝条长到2 m左右、植株间通透性不佳时，应及时修剪枝叶。冬季将老枝、弱枝、密集枝、病枝和枯枝剪掉，保留幼嫩呈红紫色的茎蔓。修剪时应保持有效叶片。

（6）虫害防治

虫害以农业防治、生物防治和物理防治为主，药剂防治为辅，根据各病虫的发生危害特点综合防治。

5. 采收质量管理规范

（1）采收时间

土茯苓采种期为每年的8—12月，果实由青绿色渐变淡黄色时及时采收。在移栽3～5年、采种完成后即可采收根茎。

（2）采收方法

采收果实时将整个果实用手摘下即可。冬天用勾机勾挖根茎，先除去地上茎叶，保留根茎，用水洗去泥沙，再削去须根。

（3）保存方法

根茎块整块干燥后保存，或切成薄片后干燥保存。

6. 质量要求及分析方法

【性状】本品略呈圆柱形，稍扁或呈不规则条块，有结节状隆起，具短分枝，长5～22 cm，直径2～5 cm。表面黄棕色或灰褐色，凹凸不平，有坚硬的须根残基，分枝顶端有圆形芽痕，有的外皮现不规则裂纹，并有残留的鳞叶。质坚硬。切片呈长圆形或不规则，厚1～5 mm，边缘不整齐；切面类白色至淡红棕色，粉性，可见点状维管束及多数小亮点；质略韧，折断时有粉尘飞扬，以水湿润后有黏滑感。气微，味微甘、涩。

【鉴别】

①本品粉末淡棕色。淀粉粒甚多，单粒类球形、多角形或类方形，直径8～

48 μm，脐点裂缝状、星状、三叉状或点状，大粒可见层纹；复粒由 2 ～ 4 分粒组成。草酸钙针晶束存在于黏液细胞中或散在，针晶长 40 ～ 144 μm，直径约 5 μm。石细胞类椭圆形、类方形或三角形，直径 25 ～ 128 μm，孔沟细密；另有深棕色石细胞，长条形，直径约 50 μm，壁三面极厚，一面菲薄。纤维成束或散在，直径 22 ～ 67 μm。具缘纹孔导管及管胞多见，具缘纹孔大多横向延长。

②取本品粉末 1 g，加甲醇 20 mL，超声处理 30 分钟，滤过，取滤液作为供试品溶液。另取落新妇苷对照品，加甲醇制成每 1 mL 含 0.1 mg 的溶液，作为对照品溶液。照薄层色谱法（通则 0502）试验，吸取上述两种溶液各 10 μL，分别点于同一硅胶 G 薄层板上，以甲苯 - 乙酸乙酯 - 甲酸（13∶32∶9）为展开剂，展开，取出，晾干，喷以三氯化铝试液，放置 5 分钟后，置紫外光灯（365 nm）下检视。供试品色谱中，在与对照品色谱相应的位置上，显相同颜色的荧光斑点。

【检查】水分不得过 15.0%（通则 0832 第二法），总灰分不得过 5.0%（通则 2302），酸不溶性灰分不得过 1.0%。

【浸出物】照醇溶性浸出物测定法（通则 2201）项下的热浸法测定，用稀乙醇作溶剂，不得少于 15.0%。

【含量测定】照高效液相色谱法（通则 0512）测定。

色谱条件与系统适用性试验：以十八烷基硅烷键合硅胶为填充剂；以甲醇 -0.1% 冰醋酸溶液（39∶61）为流动相；检测波长为 291 nm。理论板数按落新妇苷峰计算应不低于 5000。

对照品溶液的制备：取落新妇苷对照品适量，精密称定，加 60% 甲醇制成每 1 mL 含 0.2 mg 的溶液，即得。

供试品溶液的制备：取本品粉末（过二号筛）约 0.8 g，精密称定，置圆底烧瓶中，精密加入 60% 甲醇 100 mL，称定重量，加热回流 1 小时，放冷，再称定重量，用 60% 甲醇补足减失的重量，摇匀，滤过，取续滤液，即得。

测定法：分别精密吸取对照品溶液与供试品溶液各 10 μL，注入液相色谱仪，测定，即得。

本品按干燥品计算，含落新妇苷（$C_{21}H_{22}O_{11}$）不得少于 0.45%。

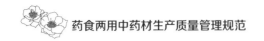

无花果

【拉丁学名】*Ficus carica* L.。

【科属】桑科（Moraceae）榕属（*Ficus*）。

1. 形态特征

落叶灌木。植株高 3～10 m，多分枝。树皮灰褐色，皮孔明显；小枝直立，粗壮。叶互生，厚纸质，广卵圆形，长宽近相等，10～20 cm，通常 3～5 裂，小裂片卵形，边缘具不规则钝齿，表面粗糙，背面密生细小钟乳体及灰色短柔毛，基部浅心形，基生侧脉 3～5 条，侧脉 5～7 对；叶柄长 2～5 cm，粗壮；托叶卵状披针形，长约 1 cm，红色。雌雄异株，雄花和瘿花同生于一榕果内壁，雄花生内壁口部，花被片 4～5 枚，雄蕊 3 枚，有时 1 枚或 5 枚，瘿花花柱侧生，短；雌花花被与雄花同，子房卵圆形，光滑，花柱侧生，柱头 2 裂，线形。榕果单生叶腋，大而梨形，直径 3～5 cm，顶部下陷，成熟时紫红色或黄色，基生苞片 3 片，卵形；瘦果透镜状。花、果期 5—7 月。

2. 分布

无花果原产于地中海沿岸，分布于土耳其至阿富汗；在中国南北均有栽培，新疆南部尤多。喜温暖干燥的气候，耐干旱，不耐寒，对土壤要求不严，对盐和碱的耐受性较高，但不耐涝。

3. 功能与主治

无花果具有清热生津、健脾开胃、解毒消肿的功效，主治咽喉肿痛、燥咳声嘶、乳汁稀少、肠热便秘、食欲不振、消化不良、泄泻痢疾等症。

4. 种植质量管理规范

（1）种植地选择

无花果对土壤无严格要求，沙土、沙壤土均可，以土层深厚、保水良好的中性或偏碱性沙壤土为宜。忌涝洼、连作地。

（2）品种及苗木选择

根据栽培目的选择适宜的优良品种。以生产鲜果为主的，宜选择果实品质好、耐贮藏的品种；以加工利用为主的，宜选择果形大小适中、可溶性固形物含量高的品种。

（3）育苗

无花果无种子，生产中主要采用无性繁殖方法，即扦插、压条、嫁接等。其中，硬枝扦插应用尤为普遍。具体流程为：春季枝条萌发前剪取健壮、无病的枝条，截成长 12 ～ 15 cm、留有 2 ～ 3 个芽的插穗，用萘乙酸或生根粉浸泡后斜插入土 5 ～ 6 cm。扦插株行距为 20 cm×30 cm。扦插后适当压实插穗四周土壤，浇足定根水。

（4）栽植

春季萌芽前定植。长势快的品种其株行距为 4 m×5 m，长势中等的品种其株行距为 2 m×3 m。栽前全园深翻，挖长、宽、深均约为 60 cm 的定植穴，每穴内施土杂肥 20 ～ 30 kg。

（5）田间管理

①培土。深翻培土可在夏季、秋季、冬季结合翻压杂草和绿肥、施基肥等进行，尽量避免损伤外露的根系。

②水。在 3—4 月、5—7 月、8—10 月视天气情况适当浇灌以保持土壤湿润。多雨季节或低洼地需及时排除积水。

③肥。基肥一般于 10—11 月或 2—3 月施入，肥料以腐熟的农家肥为主，施肥量估算方法为每生产 1 kg 左右的无花果施 2 ～ 3 kg 肥。5—7 月追肥 1 ～ 2 次，肥料以氮磷钾复合肥料为主；8—10 月为果实采收期，幼树仅在 8 月追肥 1 次，成龄树则需在 8 月和 9 月各追肥 1 次，肥料以磷钾肥为主，还可配合施用适量的微量元素肥；10 月结合秋施有机肥料施入少量复合肥料。

④整形修剪。无花果整形修剪多采用自然开心形。定干高度约 50 cm，全树保留 5 ～ 8 个主枝。每年对骨干枝适量短截，剪除过密枝、细弱枝及干枯枝。

⑤摘叶。果实成熟后（常为 6 月），结合采果，将基部 1 ～ 2 片叶摘去。

⑥越冬防寒。无花果在北方栽培易受冻害，在南方则可安全越冬。如遇低温天气可通过地膜覆盖、埋枝压条、冬季漫灌及基部培土、上部用草包枝条等方法进行防护。

（6）病虫害防治

病害主要有炭疽病，可喷施 0.8% 波尔多液或多菌灵 0.5% 溶液防治。

害虫主要有桑天牛，易蛀食主干，危害较大。防治措施为雨后捕捉成虫或从蛀孔注入 2% 敌敌畏乳油溶液。

5. 采收质量管理规范

（1）采收时间

6 月中下旬开始至 10 月间果实成熟时进行分期采收。果实成熟的特征是果实生长达到一定大小，外皮已具本品种达到成熟度的色泽，果实顶部小孔初见开裂，果肉变软而无乳汁。

（2）采收方法

采摘以晴天早晨为宜，采摘时抓住近果梗基部的部位，轻轻向上一抬即可采下，或用果剪从果梗基部将果实剪下。无花果不耐贮运，鲜销果品要求在九成熟时采收，供加工用的果实应在七八成熟时采收。

（3）保存方法

采摘后快速冷却至 0 ℃，并保持低温直到送至消费者手中，也可及时进行加工处理。

吴茱萸

【拉丁学名】*Tetradium ruticarpum*（A. Jussieu）Hartley。

【科属】芸香科（Rutaceae）吴茱萸属（*Tetradium*）。

1. 形态特征

常绿灌木或小乔木。高 2.5～5.0 m。幼枝、叶轴、小叶柄均密被黄褐色长柔毛。单数羽状复叶，对生；小叶 2～4 对，椭圆形至卵形，长 5～15 cm，宽 2.5～6.0 cm，先端短尖、急尖，少有渐尖，基部楔形至圆形，全缘，罕有不明显的圆锯齿，两面均密被淡黄色长柔毛，厚纸质或纸质，有油点。花单性，雌雄异株，聚伞花序，偶成圆锥状，顶生；花轴基部有苞片 2 片，上部的苞片鳞片状；花小，黄白色；萼片 5 枚，广卵形，外侧密披淡黄色短柔毛；花瓣 5 枚，长圆形，内侧密被白色长柔毛；雄花有雄蕊 5 枚，长于花瓣，花药基着，椭圆形，花丝被毛，退化子房略成三棱形，被毛，先端 4～5 裂；雌花较大，具退化雄蕊 5 枚，鳞片状，子房上位，圆球形，心皮通常 5 个，花柱粗短，柱头头状。蒴果扁球形，长约 3 mm，直径约 6 mm，成熟时紫红色，表面有腺点。每个心皮有种子 1 粒，卵圆形，黑色，有光泽。花期 6—8月，果期 9—10 月。

2. 分布

吴茱萸在中国分布于贵州、广西、湖南、云南、陕西、浙江、四川等地。野生于山地、路旁或疏林下。

3. 功能与主治

吴茱萸具有散寒止痛、降逆止呕、助阳止泻的功效，主治厥阴头痛、寒疝腹痛、寒湿脚气、经行腹痛、脘腹胀痛、呕吐吞酸、五更泄泻、高血压等症。

4. 种植质量管理规范

（1）种植地选择

选择土质疏松肥沃、排水方便的坡地、塘边、住宅旁、气候湿润、阳光充足的地方种植。

（2）整地

按株行距 3.0 m×3.5 m 整地。种植穴规格为 60 cm×60 cm×60 cm，挖穴时将表土与底层土分开堆放，每穴施腐熟的农家肥 5～15 kg，并回填表土至穴深 1/2 处左右。

（3）栽植

在冬季或春季吴茱萸萌动前，将苗木放于穴中，盖细土，沿树苗四周踩紧，浇透定根水。

（4）田间管理

①间作套种。在定植后的前 3 年可间种豆类、花生、芝麻、蔬菜等矮小 1 年生作物。

②水。雨季或降水多时需及时排水，严防积水。

③肥。每年在树冠边缘下开环形沟施肥 3 次，第 1 次在开花前，每株施腐熟人畜粪尿 10～20 kg；第 2 次在结果前，每株施腐熟农家肥 10～20 kg、过磷酸钙 0.5 kg；第 3 次在采果后，每株施土杂肥 20～30 kg、过磷酸钙 0.5 kg。

④中耕除草。定植后，春季、夏季、秋季浅锄草，冬季进行深中耕。与其他作物间作、套作的，可结合作物锄草进行。

⑤整形修剪。植株高 1 m 左右时剪去主干顶梢，在侧枝中选留 3～4 个枝条培育成主枝。第二年在主枝上选留 3～4 个分枝培育成副主枝，以后再在副主枝上长出选留 3～4 个侧枝。经过 4～5 年培育，最终形成矮干低冠的自然开心形树形。成年树要剪除过密枝、徒长枝、重叠枝和病虫枝等，保留芽饱满的枝条。老树根部长出幼苗且主干生长不好时砍掉主干，用根部幼苗取代老树。

（5）病虫害防治

病害主要有锈病、煤污病。锈病常在 5—7 月发生，主要危害叶片，发病初期喷 0.2～0.3 波美度石硫合剂；煤污病发病初期可喷 5% 多菌灵 500～800 倍液或 0.3 波美度石硫合剂防治。

虫害主要有柑橘凤蝶、褐天牛等。柑橘凤蝶可喷施苏云金杆菌粉 300～500 倍液防治，褐天牛用药棉浸 40% 乐果乳油塞入孔内进行消毒。

5. 采收质量管理规范

（1）采收时间

当果实呈黄绿色时即可采收。如要留种，则要等其完全成熟、呈红色时采收。

采收时选择晴天，以早晨露水未干时为最佳。

（2）采收方法

采收时用手指掐住果序的根部，将果序成串摘下，注意不要折断结果枝，以免影响翌年开花结果。

（3）保存方法

采摘完成后，立即对果实进行干燥处理。干燥后可人工搓揉，使果实与果柄分离，筛除果柄、杂质，装入麻袋，置于干燥通风处贮藏。

6. 质量要求及分析方法

【性状】本品呈球形或略呈五角状扁球形，直径 2～5 mm。表面暗黄绿色至褐色，粗糙，有多数点状突起或凹下的油点。顶端有五角星状的裂隙，基部残留被有黄色茸毛的果梗。质硬而脆，横切面可见子房 5 室，每室有淡黄色种子 1 粒。气芳香浓郁，味辛辣而苦。

【鉴别】

①本品粉末褐色。非腺毛 2～6 个细胞，长 140～350 μm，壁疣明显，有的胞腔内含棕黄色至棕红色物。腺毛头部 7～14 个细胞，椭圆形，常含黄棕色内含物；柄 2～5 个细胞。草酸钙簇晶较多，直径 10～25 μm；偶有方晶。石细胞类圆形或长方形，直径 35～70 μm，胞腔大。油室碎片有时可见，淡黄色。

②取本品粉末 0.4 g，加乙醇 10 mL，静置 30 分钟，超声处理 30 分钟，滤过，取滤液作为供试品溶液。另取吴茱萸次碱对照品、吴茱萸碱对照品，加乙醇分别制成每 1 mL 含 0.2 mg 和 1.5 mg 的溶液，作为对照品溶液。照薄层色谱法（通则 0502）试验，吸取上述 3 种溶液各 2 μL，分别点于同一硅胶 G 薄层板上，以石油醚（60～90 ℃）- 乙酸乙酯 - 三乙胺（7∶3∶0.1）为展开剂，展开，取出，晾干，置紫外光灯（365 nm）下检视。供试品色谱中，在与对照品色谱相应的位置上，显相同颜色的荧光斑点。

【检查】杂质不得过 7%（通则 2301），水分不得过 15.0%（通则 0832 第二法），总灰分不得过 10.0%（通则 2302）。

【浸出物】照醇溶性浸出物测定法（通则 2201）项下的热浸法测定，用稀乙醇作溶剂，不得少于 30.0%。

【含量测定】照高效液相色谱法（通则 0512）测定。

色谱条件与系统适用性试验：以十八烷基硅烷键合硅胶为填充剂；以［乙腈 - 四氢呋喃（25∶15）］-0.02% 磷酸溶液（35∶65）为流动相；检测波长为 215 nm。理论板数按柠檬苦素峰计算应不低于 3000。

对照品溶液的制备：取吴茱萸碱对照品、吴茱萸次碱对照品、柠檬苦素对照品适量，精密称定，加甲醇制成每 1 mL 含吴茱萸碱 80 μg 和吴茱萸次碱 50 μg、柠檬苦素 0.1 mg 的混合溶液，即得。

供试品溶液的制备：取本品粉末（过三号筛）约 0.3 g，精密称定，置具塞锥形瓶中，精密加入 70% 乙醇 25 mL，称定重量，浸泡 60 分钟，超声处理（功率 300 W，频率 40 kHz）40 分钟，放冷，再称定重量，用 70% 乙醇补足减失的重量，摇匀，滤过，取续滤液，即得。

测定法：分别精密吸取对照品溶液与供试品溶液各 10 μL，注入液相色谱仪，测定，即得。

本品按干燥品计算，含吴茱萸碱（$C_{19}H_{17}N_3O$）和吴茱萸次碱（$C_{18}H_{13}N_3O$）的总量不得少于 0.15%，柠檬苦素（$C_{26}H_{30}O_8$）不得少于 0.20%。

西番莲

【拉丁学名】*Passiflora caerulea* L.。

【科属】西番莲科（Passifloraceae）西番莲属（*Passiflora*）。

1. 形态特征

草质藤本。茎无毛。叶纸质，长 5 ～ 7 cm，宽 6 ～ 8 cm，基部近心形，掌状 3 ～ 7 处深裂，裂片先端尖或钝，全缘，两面无毛；叶柄长 2 ～ 3 cm，中部散生 2 ～ 6 个腺体；托叶肾形，长达 1.2 cm，抱莲，疏具波状齿。聚伞花序具 1 朵花；花淡绿色，直径 6 ～ 10 cm；花梗长 3 ～ 4 cm；苞片宽卵形，长 1.5 ～ 3.0 cm，全缘；萼片长圆状披针形，长 3.0 ～ 4.5 cm；花瓣长圆形，与萼片近等长；副花冠裂片丝状，3 轮排列，外轮和中轮长 1.0 ～ 1.5 cm，内轮长 1 ～ 2 mm；内花冠裂片流苏状，紫红色；雌雄蕊柄长 0.8 ～ 1.0 cm；花丝长约 1 cm，花药长约 1.3 cm；柱头肾形，花柱 3 枚，长约 1.5 cm，子房卵球形。果橙色或黄色，卵球形或近球形，长 5 ～ 7 cm，直径 4 ～ 5 cm。花期 5—7 月，果期 7—9 月。

2. 分布

西番莲原产于南美洲，热带、亚热带地区常见栽培；在中国分布于广西、江西、四川、云南等地。常生于湿润山坡密林中。

3. 功能与主治

西番莲具有除风、除湿、活血、止痛的功效，主治感冒头痛、鼻塞流涕、风湿关节痛、痛经、神经痛、失眠、下痢、骨折等症。

4. 种植质量管理规范

（1）种植地选择
选择土壤肥沃、土质疏松、排水良好的地块种植。

（2）整地
将种植地深翻，挖定植穴，每亩挖穴 130 个左右，晒穴，让土壤进一步熟化。

（3）选种

选择耐病、抗寒、优质高产、商品性好的品种，所选苗木大小为苗高 30 cm、粗 4 mm 以上。

（4）栽植

雨季 5 月中旬至 8 月间选择阴天或雨天定植。在栽植穴中放入腐熟的农家肥，起墩种植。一个栽植穴栽植 1 株，种植间距为 2.0 m×2.5 m。

（5）田间管理

①水。定植后浇足定根水，以后每隔 10 ～ 15 天浇水 1 次，常保持土壤潮湿。

②肥。定植后 10 ～ 15 天施 0.5% 的稀释尿素水，每 20 ～ 25 天施 1 次。开花期每 20 天施肥 1 次，每株施肥约 0.5 kg。中期和晚期施磷钾肥，以复合肥料为佳，施肥量为每株 15 ～ 20 kg。

③除草。定期清杂，除尽杂草、杂灌等。

④人工授粉。开花期在 10：00—16：00 间完成授粉，可用毛笔等物将花粉均匀抹到雌蕊的柱头上，或将花粉水喷到雌蕊柱头上。

⑤促花保果。盛花期叶面喷施磷酸二氢钾 250 ～ 300 倍液促花，果实膨大期叶面喷施硼砂进行保果。

⑥搭架。当苗木长到 30 ～ 40 cm 高时，牵引藤蔓上架。搭架材料可选用竹竿、水泥柱等。搭架高度一般为 1.5 ～ 2.0 m，可搭成水平架、倾斜架等。

⑦整形修剪。及时抹除主蔓上的腋芽。上架后进行打顶，每株留 2 ～ 3 条分枝作为主侧枝，待不同侧枝相交时再次打顶，使整个藤蔓在棚架均匀分布。当藤蔓覆盖满棚架后，剪除内部叶片及不结果枝，回缩下垂枝。

（6）病虫害防治

病害主要有黄色花叶病毒，选择蛋白多糖霉菌、醋酸三聚氰胺、噻虫嗪和茜素等，均匀喷洒在茎和叶上，直至药水往下滴，喷洒期为每 1 ～ 2 周喷 1 次。

虫害主要有蟋蟀、白蚁、金龟子、蓟马、苍蝇和蝉类等。白蚁可在周围喷洒灭蚁灵，或放置 1 ～ 2 粒臭丸进行驱逐，其他寄生虫可使用黑光灯、毒药和毒饵等消灭，蓟马可喷施乐果乳油进行防治，苍蝇类虫害可喷施阿维菌素进行防治，螨类虫害可喷施利劈螨防治。

5. 采收质量管理规范

（1）采收时间

开花后 60 ～ 90 天黄果型果皮由绿色转黄色、紫果型由墨绿色转紫色时进行采收。需长途运输或保鲜的则在果实 7—8 月成熟时采收，但未变色的果实不能采收。

（2）采收方法

人工直接剪枝。

（3）保存方法

采摘后立即上市，可鲜食或加工成果脯，也可采取干藏及冷藏的方法保存。

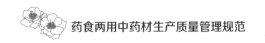

刺五加

【拉丁学名】*Eleutherococcus senticosus*（Rupr. & Maxim.）Maxim.。

【科属】五加科（Araliaceae）五加属（*Eleutherococcus*）。

1. 形态特征

灌木。植株高 3～5 m。枝细弱，下垂，红棕色，节上通常有倒钩状刺 1～3 枚，节间密生红棕色刚毛或无毛，有刺或无刺。叶有小叶 5 枚；叶柄长 3～8 cm，无毛；小叶片纸质，长圆状卵形至长圆状倒卵形，长 2～5 cm，宽 1～2 cm，先端尖至短渐尖，基部狭尖，腹面脉上散生刚毛，背面无毛，边缘中部以上有细牙齿状，侧脉 3～4 对，两面明显，网脉不明显；无小叶柄。伞形花序单生于短枝上，直径约 2.5 cm，有花多数；总花梗长 2～3 cm，密生刚毛，后刚毛脱落；花梗纤细，长 0.5～1.0 cm，无毛；萼无毛，边缘有 5 枚小齿；花瓣 5 枚，卵状长圆形，长 2 mm，开花时反曲；雄蕊 5 枚，花丝长 2 mm；子房 5 室；花柱 5 枚，基部合生。果实球形，有 5 棱，黑色，直径 5 mm。花期 7 月，果期 9 月。

2. 分布

刺五加在中国主要分布于黑龙江（小兴安岭、伊春带岭）、吉林（吉林、通化、安图、长白山）、辽宁（沈阳）、河北（雾灵山、承德、百花山、小五台山、内丘）和山西（霍县、中阳、兴县）。常生于森林或灌丛中，海拔数百米至 2000 m。

3. 功能与主治

刺五加具有益气健脾、补肾安神的功效，主治脾肾阳虚、体虚乏力、食欲不振、腰膝酸痛、失眠多梦等症。

4. 种植质量管理规范

（1）种植地选择

选择背风向阳、土层深厚、土质肥沃、土壤呈微酸性的沙质壤土地块种植，如针阔叶混交林、阔叶林地或疏林地。

（2）整地

秋季翻地，深翻 30 cm 以上，翻地的同时清除石块等杂物，施入农家肥 30000 kg/hm² 左右作基肥，整平，耙细。

（3）播种育苗

采收颜色呈黑色的刺五加果实，搓去种皮，漂洗干净。将种子和 3 倍湿细沙（含水量 60% 左右）混拌均匀，装于花盆等容器中。在 20 ℃ 左右的温度下催芽，每隔 7～10 天翻动 1 次，4—5 月播种。一般育苗畦宽 1.2～1.5 m，畦长根据地形而定，畦高 15～20 cm。在畦面按 20 cm 左右行距开沟，沟深 5～8 cm，将种子均匀撒入沟中，覆土厚 1～2 cm，稍加填压，淋透水，覆盖稻草等物保湿。播种 30 天左右即可出苗。

（4）移栽

播种的幼苗在翌年春季即可移栽。起苗时尽量带土移栽，株行距为 1.0 m × 1.5 m，埋上深度在原根茎交界处。

（5）田间管理

①水。当幼苗长至 6 个月后增加灌溉量，灌溉时注意慢流速、大流量、1 次浸透。雨水较多时要及时排水，防止洪涝。

②肥。每年追施 1 次有机肥料或农家肥，追施氮磷钾复合肥料（N：P_2O_5：K_2O = 12：18：15 或 N：P_2O_5：K_2O =15：15：15）500～700 kg/hm²。挖放射状沟施肥，施肥后覆土。

③除草。种植完后，可在行间套种豆类、马铃薯等矮小作物或草本植物，结合套种作物进行中耕除草和追肥。此外，还要定期对园地内进行清杂，除尽杂草、杂灌等。

④间苗。在苗高 3～5 cm 时进行间苗，拔除过密的小苗。苗高 10 cm 时进行定苗。

（6）病虫害防治

较少发生病虫害，偶有蚜虫为害，可喷施 3% 啶虫脒微乳剂 1000～1500 倍液防治。

5. 采收质量管理规范

（1）采收时间

根与根皮在定植 3～4 年夏、秋季节进行采收，叶全年均可采收。

（2）采收方法

夏、秋两季采挖根茎，洗净，剥取根皮晒干即可。

（3）保存方法

晒干保存。

6. 质量要求及分析方法

【性状】

本品根茎呈结节状不规则圆柱形，直径 1.4～4.2 cm。根呈圆柱形，多扭曲，长3.5～12.0 cm，直径 0.3～1.5 cm；表面灰褐色或黑褐色，粗糙，有细纵沟和皱纹，皮较薄，有的剥落，剥落处呈灰黄色。质硬，断面黄白色，纤维性。有特异香气，味微辛、稍苦、涩。

本品茎呈长圆柱形，多分枝，长短不一，直径 0.5～2.0 cm。表面浅灰色，老枝灰褐色，具纵裂沟，无刺；幼枝黄褐色，密生细刺。质坚硬，不易折断，断面皮部薄，黄白色，木部宽广，淡黄色，中心有髓。气微，味微辛。

【鉴别】

①本品根横切面：木栓细胞数 10 列。栓内层菲薄，散有分泌道；薄壁细胞大多含草酸钙簇晶，直径 11～64 μm。韧皮部外侧散有较多纤维束，向内渐稀少；分泌道类圆形或椭圆形，径向径 25～51 μm，切向径 48～97 μm；薄壁细胞含簇晶。形成层成环。木质部占大部分，射线宽 1～3 列细胞；导管壁较薄，多数个相聚；木纤维发达。

根茎横切面：韧皮部纤维束较根为多；有髓。

茎横切面：髓部较发达。

②取本品粉末 5 g，加 75% 乙醇 50 mL，加热回流 1 小时，滤过，滤液蒸干，残渣加水 10 mL 使溶解，用三氯甲烷振摇提取 2 次，每次 5 mL，合并三氯甲烷液，蒸干，残渣加甲醇 1 mL 使溶解，作为供试品溶液。另取刺五加对照药材 5 g，同法制成对照药材溶液。再取异嗪皮啶对照品，加甲醇制成每 1 mL 含 1 mg 的溶液，作为对照品溶液。照薄层色谱法（通则 0502）试验，吸取上述 3 种溶液各 10 μL，分别点于同一硅胶 G 薄层板上，以三氯甲烷–甲醇（19：1）为展开剂，展开，取出，晾干，置紫外光灯（365 nm）下检视。供试品色谱中，在与对照药材色谱相应的位置上，显相同颜色的荧光斑点；在与对照品色谱相应的位置上，显相同的蓝色荧光斑点。

【检查】水分不得过 10.0%（通则 0832 第二法），总灰分不得过 9.0%（通则 2302）。

【浸出物】照醇溶性浸出物测定法（通则 2201）项下热浸法测定，用甲醇作溶剂，不得少于 3.0%。

【含量测定】照高效液相色谱法（通则 0512）测定。

色谱条件与系统适用性试验：以十八烷基硅烷键合硅胶为填充剂；以甲醇 – 水（20∶80）为流动相；检测波长为 265 nm。理论板数按紫丁香苷峰计算应不低于 2000。

对照品溶液的制备：取紫丁香苷对照品适量，精密称定，加甲醇制成每 1 mL 含 80 μg 的溶液，即得。

供试品溶液的制备：取本品粗粉约 2 g，精密称定，置具塞锥形瓶中，精密加入甲醇 25 mL，称定重量，超声处理（功率 250 W，频率 33 kHz）30 分钟，放冷，再称定重量，用甲醇补足减失的重量，摇匀，滤过，取续滤液，即得。

测定法：分别精密吸取对照品溶液与供试品溶液各 10 μL，注入液相色谱仪，测定，即得。

本品按干燥品计算，含紫丁香苷（$C_{17}H_{24}O_9$）不得少于 0.050%。

显齿蛇葡萄

【拉丁学名】*Ampelopsis grossedentata*（Hand.–Mazz.）W. T. Wang。

【科属】葡萄科（Vitaceae）蛇葡萄属（*Ampelopsis*）。

1. 形态特征

木质藤本。小枝圆柱形，有显著纵棱纹，无毛；卷须 2 叉分枝，相隔 2 节间断与叶对生。叶为 1 ～ 2 回羽状复叶，2 回羽状复叶者基部一对为 3 小叶，小叶卵圆形、卵椭圆形或长椭圆形，长 2 ～ 5 cm，宽 1.0 ～ 2.5 cm，顶端急尖或渐尖，基部阔楔形或近圆形，边缘每侧有 2 ～ 5 个锯齿，腹面绿色，背面浅绿色，两面均无毛；侧脉 3 ～ 5 对，网脉微突出，最后一级网脉不明显；叶柄长 1 ～ 2 cm，无毛；托叶早落。花序为伞房状多歧聚伞花序，与叶对生；花序梗长 1.5 ～ 3.5 cm，无毛；花梗长 1.5 ～ 2.0 mm，无毛；花蕾卵圆形，高 1.5 ～ 2.0 mm，顶端圆形，无毛；萼碟形，边缘波状浅裂，无毛；花瓣 5 枚，卵椭圆形，高 1.2 ～ 1.7 mm，无毛，雄蕊 5 枚，花药卵圆形，长略甚于宽，花盘发达，波状浅裂；子房下部与花盘合生，花柱钻形，柱头不明显扩大。果近球形，直径 0.6 ～ 1.0 cm。有种子 2 ～ 4 粒；种子倒卵圆形，顶端圆形，基部有短喙，种脐在种子背面中部呈椭圆形，上部棱脊突出，表面有钝肋纹突起，腹部中棱脊突出，两侧洼穴呈倒卵形，从基部向上达种子近中部。花期 5—8 月，果期 8—12 月。

2. 分布

显齿蛇葡萄在中国分布于江西、福建、湖北、湖南、广东、广西、贵州、云南。常生于海拔 200 ～ 1500 m 的沟谷林中或山坡灌丛。

3. 功能与主治

显齿蛇葡萄具有清热解毒、利湿消肿的功效，主治感冒发热、咽喉肿痛、湿热黄疸、目赤肿痛、痈肿疮疖等症。

4. 种植质量管理规范

（1）种植地选择

选择土层深厚、有机质丰富、海拔 300 ～ 1200 m 且坡度不超过 25° 的偏酸性壤土种植。

（2）整地

翻耕土地 20 ～ 30 cm，表土内翻、底土外翻。有机肥料按 7500 kg/hm^2 作为基肥施用，行距按 110 cm 划线施基肥起垄，垄高 25 ～ 30 cm。

（3）栽植

11 月上中旬，土温在 6 ～ 10 ℃时边起苗边移栽，栽培密度为 3300 株/hm^2 左右，株行距为 100 cm×300 cm 或 150 cm×200 cm。

（4）田间管理

①水。在整个生长期保持土壤湿润，注意防涝抗旱。

②肥。每年秋季增施 1 次有机肥料或种植绿肥，农家肥的用量一般为 3000 ～ 6000 kg/ 亩。

③中耕除草。在萌芽长 10 ～ 12 cm 时进行中耕除草，每隔 1 个月中耕、保墒 1 次，7—8 月停止除草。

④搭架。当植株长到 40 ～ 50 cm 长时，用竹竿、粗铁丝搭架。仿野生种植的藤茶可利用灌木丛，无须搭架。

⑤打顶采摘。嫩茎长到 25 cm 左右时开始采摘，以后每隔 10 天左右采摘 1 次。

⑥整形修剪。翌年早春，适时轻修剪，修理移除多余枝条。每株藤茶留 3 ～ 4 个向上生长、长势良好的主枝条，长度为 40 ～ 50 cm。

（5）病虫害防治

藤茶自身抗病虫害能力强，一般情况下几乎没有病虫害，但未种植过葡萄科植物的地块，栽植前 1 个月应翻土晒地预防病虫害。

5. 采收质量管理规范

（1）采收时间

4—8 月采摘嫩茎叶，9—10 月叶片普采。

（2）采收方法

采摘嫩茎叶时采用徒手采，采摘长度为 3 ～ 8 cm，每隔 10 ～ 12 天采摘 1 次，保持芽叶完整、新鲜、匀净，剔除整梗和杂叶。

（3）保存方法

鲜叶采摘后应放置在干净、透气、无异味的容器中，并及时收青。贮青时应做好薄摊、控温、保湿等管理措施，堆放时不可重压。

香椿

【拉丁学名】*Toona sinensis*（A. Juss.）Roem.。

【科属】楝科（Meliaceae）香椿属（*Toona*）。

1. 形态特征

落叶乔木。树皮浅纵裂，片状剥落。偶数羽状复叶，长 30 ～ 50 cm；小叶 16 ～ 20 枚，卵状披针形或卵状长圆形，长 9 ～ 15 cm，宽 2.5 ～ 4.0 cm，先端尾尖，基部一侧圆，一侧楔形，全缘或疏生细齿，两面无毛，背面常粉绿色，侧脉 18 ～ 24 对；小叶柄长 0.5 ～ 1.0 cm；聚伞圆锥花序疏被锈色柔毛或近无毛；花萼 5 齿裂或浅波状，被柔毛；花瓣 5 枚，白色，长圆形，长 4 ～ 5 mm；雄蕊 10 枚，5 枚能育，5 枚退化；花盘无毛，近念珠状。蒴果窄椭圆形，长 2.0 ～ 3.5 cm，深褐色，具苍白色小皮孔。种子上端具膜质长翅。

2. 分布

香椿在国外分布于朝鲜，在中国分布于华北、华东、中部、南部和西南部各省份。常生于山地杂木林或疏林中，各地也广泛栽培。

3. 功能与主治

香椿具有祛风利湿、止血止痛的功效，主治痢疾、肠炎等症。

4. 种植质量管理规范

（1）种植地选择

选择地势坡度较小、向阳开阔、土壤湿润肥沃、通风、排水良好的地块种植。

（2）整地

早春深翻 30 cm 以上，结合翻地施足基肥，一般施腐熟的农家肥 150 t/hm² 左右。耙细，整平，也可进行穴状整地。

（3）催芽

播种前浸种催芽，水温 35 ～ 40 ℃，浸泡 10 ～ 15 分钟。捞出后放入 18 ～

22 ℃的水中浸泡 24 小时左右，捞出后在 22 ～ 26 ℃下保湿 40 小时左右催芽。

（4）播种

挖沟播种，沟宽 5 ～ 8 cm、深 4 ～ 5 cm，沟间距约 1 m。将种子均匀地撒于沟内，覆盖一层细土，保持土壤湿润，7 天左右即可发芽。当香椿苗长出 5 片左右的真叶时就可以进行间苗。椿苗株距一般在 10 ～ 15 cm。

（5）移栽

以春季移植为最佳。定植时选择高 40 cm 以上的 1 年生突生苗，株间距为 15 cm×15 cm。移栽时应扶正苗木，保证其直上生长。

（6）田间管理

①土壤。为防止冻害，冬季应进行培土，可在基部培 30 ～ 40 cm 高的土堆。

②水。幼苗出土前不浇水，出土后适当浇水。移栽结束后要勤浇水，初期可 1 天 1 次，缓苗后浇透水 1 次，以后可适当减少浇水次数。

③肥。6 月开沟追施尿素 200 ～ 250 kg/hm²、氮磷钾平衡肥 300 ～ 370 kg/hm²；从 7 月中旬开始，每 7 天喷施 1 次 0.2% 磷酸二氢钾；8 月减少施肥量，以促进香椿苗茎杆木质化。

④除草。栽植第 1 年，可采用覆防草地布的措施抑制杂草生长，也可采用人工除草与机械除草相结合的方法进行除草，每年 4 ～ 5 次。

⑤整形修剪。栽植第 2 年谷雨前后开始截枝，第 1 次截枝树干留 50 ～ 60 cm，以后每隔 1 年在上次截枝往上约 15 cm 处剪截。当侧芽萌发长到 5 ～ 10 cm 长时采芽，每个枝留 3 个芽，呈三角状排列。

（7）病虫害防治

病害主要有根腐病、叶锈病等。根腐病可选用 40% 福星乳油 7000 ～ 8000 倍液或 50% 复方苯菌灵可湿性粉剂 500 倍液喷施，每 7 ～ 10 天喷 1 次，连喷 2 ～ 3 次。叶锈病可喷施 0.3 波美度石硫合剂防治，每 15 天喷 1 次，连喷 2 ～ 3 次。

虫害主要有云斑天牛、锯锹甲和草履介壳虫等。云斑天牛防治方法是清除排泄孔内木屑后注入氧化乐果、敌敌畏，再用泥封住排泄孔。锯锹甲防治方法是根部灌入氧化乐果 800 ～ 1000 倍液毒杀幼虫。草履介壳虫可喷施 50% 磷胺乳剂 800 倍液或 80% 敌敌畏乳剂 8000 倍液防治。

5. 采收质量管理规范

（1）采收时间

谷雨前后，芽长到 15 ～ 20 长 cm、叶面保持一定光亮时即可采芽。

（2）采收方法

当新芽长至 15 cm 长时采芽，采摘时应把芽柄一并取下，以加快侧芽萌芽。采收尽量选择在温度较低时进行，以防止水分蒸发和幼苗老化。每隔 5 天可采收 1 次。

（3）保存方法

把采摘的香椿以 250 g 或 500 g 绑成一团，底端应整齐，立于水盘内 2～3 小时，等吸足水分后装袋上市。

香港四照花

【拉丁学名】*Cornus hongkongensis* Hemsley。

【科属】山茱萸科（Cornaceae）山茱萸属（*Cornus*）。

1. 形态特征

常绿乔木或灌木。植株高 5 ～ 15 m，稀达 25 m。树皮深灰色或黑褐色，平滑；幼枝绿色，疏被褐色贴生短柔毛，老枝浅灰色或褐色，无毛，有多数皮孔；冬芽小，圆锥形，被褐色细毛。叶对生，薄革质至厚革质，椭圆形至长椭圆形，稀倒卵状椭圆形，长 6.2 ～ 13.0 cm，宽 3.0 ～ 6.3 cm，先端短渐尖形或短尾状，基部宽楔形或钝尖形，腹面深绿色，有光泽，背面淡绿色，嫩时两面被有白色及褐色贴生短柔毛，渐老则变为无毛而仅在背面多少有散生褐色残点，中脉在腹面明显，背面凸出，侧脉（3 ～）4 对，弓形内弯，在腹面不明显或微下凹，背面凸出；叶柄细圆柱形，长 0.8 ～ 1.2 cm，嫩时被褐色短柔毛，老后无毛。头状花序球形，由 50 ～ 70 朵花聚集而成，直径 1 cm；总苞片 4 枚，白色，宽椭圆形至倒卵状宽椭圆形，长 2.8 ～ 4.0 cm，宽 1.7 ～ 3.5 cm，先端钝圆有突尖头，基部狭窄，两面近于无毛；总花梗纤细，长 3.5 ～ 10.0 cm，密被淡褐色贴生短柔毛；花小，有香味，花萼管状，绿色，长 0.7 ～ 0.9 mm，基部有褐色毛，上部 4 裂，裂片不明显或为截形，外侧被白色细毛，内侧于近缘处被褐色细毛；花瓣 4 枚，长圆椭圆形，长 2.2 ～ 2.4 mm，宽 1.0 ～ 1.2 mm，淡黄色，先端钝尖，基部渐狭；雄蕊 4 枚，花丝长 1.9 ～ 2.1 mm，花药椭圆形，深褐色；花盘盘状，略有浅裂，厚 0.3 ～ 0.5 mm；子房下位，花柱圆柱形，长约 1 mm，微被白色细伏毛，柱头小，淡绿色。果序球形，直径 2.5 cm，被白色细毛，成熟时黄色或红色；总果梗绿色，长 3.5 ～ 10.0 cm，近于无毛。花期 5—6 月，果期 11—12 月。

2. 分布

香港四照花在中国分布于浙江东部、江西南部、福建南部、湖南南部以及广东、广西、四川、贵州、云南。常生于海拔 350 ～ 1700 m 湿润山谷的密林或混交林中。

3. 功能与主治

香港四照花具有收敛止血的功效，主治外伤出血等症。

4. 种植质量管理规范

（1）种植地选择

选择土层较厚、湿润的灌木林地、荒山荒地中下部种植，以疏松深厚的沙壤土或壤土、湿润肥沃的山地为宜。

（2）整地

在荒坡地实行按等高线反坡梯田整地，田面宽 1 m，间距 4 m。挖好种植穴，种植穴规格为 40 cm×40 cm×30 cm，株行距为 1 m×1 m。

（3）栽植

用 3 年生苗木移植，初植密度以 660 株 / 亩左右为宜。移栽时多带土球。

（4）田间管理

①水。保持土壤湿润。

②肥。前 5 年每年施肥 1 次，每株施尿素和过磷酸钙混合肥 0.1 kg，促进幼苗生长。

③中耕除草。在幼林时应注意除草和松土，以利于根系生长，每年抚育 2 次，至幼林郁闭为止。

④整形修剪。在生长过程中要逐步剪去基部枝条，对中心主枝进行短截以提高植株向上生长能力。香港四照花不宜重剪，保持树形呈伞形即可。

（5）病虫害防治

病害主要有角斑病等。角斑病主要危害叶片，可在 5 月连续喷施 3 次波尔多波防治，每次间隔 10 ～ 12 天；或于发病期连续喷 2 ～ 3 次 5% 可湿性利菌特 500 ～ 800 倍液及 75% 百菌清可湿性粉剂 300 ～ 500 倍液，每次间隔 8 ～ 10 天。

虫害主要有蛾类、蚜类等。如有刺蛾、大蓑蛾危害，可喷施 90% 敌百虫 800 倍液或 50% 辛硫磷 800 倍液防治。蚜类可喷施 40% 乐果乳剂 1200 倍液、70% 可湿性灭蚜灵粉剂 500 ～ 800 倍液、50% 可湿性抗蚜成粉剂或 50% 抗蚜威水溶液 1000 ～ 1500 倍液防治。

5.采收质量管理规范

（1）采收时间
全年均可采叶，夏季采花，秋季采果。

（2）采收方法
采收的枝叶去除枝梗，鲜用或晒干研末。果实留种。

（3）保存方法
枝叶晒干置于阴凉处保存或研成粉末保存。

鸭儿芹

【拉丁学名】*Cryptotaenia japonica* Hassk.。

【科属】伞形科（Apiaceae）鸭儿芹属（*Cryptotaenia*）。

1. 形态特征

多年生草本。高 20 ~ 100 cm。主根短，侧根多数，细长；茎直立，光滑，有分枝，表面有时略带淡紫色。基生叶或上部叶有柄，叶柄长 5 ~ 20 cm，叶鞘边缘膜质；叶片轮廓三角形至广卵形，长 2 ~ 14 cm，宽 3 ~ 17 cm，通常为 3 枚小叶；中间小叶片呈菱状倒卵形或心形，长 2 ~ 14 cm，宽 1.5 ~ 10.0 cm，顶端短尖，基部楔形；两侧小叶片斜倒卵形至长卵形，长 1.5 ~ 13.0 cm，宽 1 ~ 7 cm，近无柄，所有的小叶片边缘有不规则的尖锐重锯齿，腹面绿色，背面淡绿色，两面叶脉隆起，最上部的茎生叶近无柄，小叶片呈卵状披针形至窄披针形，边缘有锯齿。复伞形花序呈圆锥状，花序梗不等长，总苞片 1 枚，呈线形或钻形，长 4 ~ 10 mm，宽 0.5 ~ 1.5 mm；伞辐 2 ~ 3 个，不等长，长 5 ~ 35 mm；小总苞片 1 ~ 3 枚，长 2 ~ 3 mm，宽不及 1 mm。小伞形花序有花 2 ~ 4 朵；花柄极不等长；萼齿细小，呈三角形；花瓣白色，倒卵形，长 1.0 ~ 1.2 mm，宽约 1 mm，顶端有内折的小舌片；花丝短于花瓣，花药卵圆形，长约 0.3 mm；花柱基圆锥形，花柱短，直立。分生果线状长圆形，长 4 ~ 6 mm，宽 2.0 ~ 2.5 mm，合生面略收缩，胚乳腹面近平直，每棱槽内有油管 1 ~ 3 个，合生面油管 4 个。花期 4—5 月，果期 6—10 月。

2. 分布

鸭儿芹在国外分布于朝鲜、日本，在中国分布于河北、安徽、江苏、浙江、福建、江西、广东、广西、湖北、湖南、山西、陕西、甘肃、四川、贵州、云南。常生于海拔 200 ~ 2400 m 的山地、山沟及林下较阴湿的地区。

3. 功能与主治

鸭儿芹具有祛风止咳、活血祛瘀的功效，主治感冒咳嗽、跌打损伤、皮肤瘙痒等症。

4. 种植质量管理规范

（1）种植地选择

选择土质疏松、避风向阳、排灌方便的沙质壤土种植。

（2）建棚整地

建造简易竹木大棚，棚宽 6 m、长 20 m、高 1.8 m。播种前 10 天完成棚内整地施肥，一般每亩施充分腐熟的家畜粪肥 2000 kg 左右，硝基三元复合肥料 100 kg，硼镁肥、锌肥各 2 kg，70% 敌克松原粉 2 kg，均匀撒入棚内深翻整平，然后高温闷棚 10 天。做成 4 个畦，畦宽 1.5 m（包沟）。

（3）播种

种子用 17% 盐水浸泡 30 分钟后去除杂物，再于水中浸泡 1 昼夜，洗掉褐色及杂质。取出种子，去除多余水分，用 50% 苯菌灵可湿性粉剂 800 倍液浸泡 5 ～ 6 小时，然后用湿毛巾包好种子，放在 15 ～ 20 ℃温度中催芽 5 ～ 7 小时。温度为 20 ～ 25 ℃时播种，将刚露芽的种子均匀地浅播在育苗盘中，加足清水，使水浸到土表，经 2 ～ 3 天就可出齐苗。

（4）定植

幼苗高 10 ～ 15 cm 时定植，按株行距 20 cm×10 cm 进行栽植，密度为 50 丛 /m² 左右，每丛 3 株，定植后浇透定根水。

（5）田间管理

①水。定植后要加强水分管理，浇透定根水，使移栽苗尽快萌发新根。

②肥。生长期需多次追肥。定植后 5 ～ 10 天追施 1 次促苗肥，每亩施尿素 5 kg，以后每隔 10 天左右施水溶肥除草。每次采割后均需追施稀薄农家有机液肥或沼肥。

③除草。移栽前 2 天，每亩田用 60 mL 水溶液加水 35 kg 喷雾，清除杂草。成活后结合追肥进行第 1 次中耕除草。封垄前加强除草工作，封垄后经常进行人工拔草。

（6）虫害防治

常见虫害主要有蚜虫，每亩可用 10% 吡虫啉 50 g 加水 40 kg 喷雾防治。

5. 采收质量管理规范

（1）采收时间

株高 30 ～ 35 cm 时开始采收，全年可采割 10 ～ 12 次。

（2）采收方法

每 25 ～ 30 天左右，结合间苗采收 1 ～ 2 次。春、秋季在株高 30 ～ 35 cm 时进行采收，在距植株基部 3 cm 处割下鸭儿芹上部，留桩再生（保留根部及茎部，可继续生长或分枝生长）。夏季高温下生长达 25 cm 以上时即可采割，采收方法同春、秋季。

（3）保存方法

割下嫩叶绑成小捆，然后装箱出售。

羊乳

【拉丁学名】*Codonopsis lanceolata*（Sieb. et Zucc.）Trautv.。

【科属】桔梗科（Campanulaceae）党参属（*Codonopsis*）。

1. 形态特征

多年生蔓生草本。植株全体光滑无毛或茎叶偶疏生柔毛；茎基略近于圆锥状或圆柱状，表面有多数瘤状茎痕，根常肥大呈纺锤状而有少数细小侧根，长 10 ～ 20 cm，直径 1 ～ 6 cm，表面灰黄色，近上部有稀疏环纹，而下部则疏生横长皮孔；茎缠绕，长约 1 m，直径 3 ～ 4 mm，常有多数短细分枝，黄绿而微带紫色。叶在主茎上的互生，披针形或菱状狭卵形，细小，长 0.8 ～ 1.4 cm，宽 3 ～ 7 mm；在小枝顶端的通常 2 ～ 4 片叶簇生，而近于对生或轮生状，叶柄短小，长 1 ～ 5 mm，叶片菱状卵形、狭卵形或椭圆形，长 3 ～ 10 cm，宽 1.3 ～ 4.5 cm，顶端尖或钝，基部渐狭，通常全缘或有疏波状锯齿，腹面绿色，背面灰绿色，叶脉明显。花单生或对生于小枝顶端；花梗长 1 ～ 9 cm；花萼贴生至子房中部，筒部半球状，裂片湾缺尖狭，或开花后渐变宽钝，裂片卵状三角形，长 1.3 ～ 3.0 cm，宽 0.5 ～ 1.0 cm，端尖，全缘；花冠阔钟状，长 2 ～ 4 cm，直径 2.0 ～ 3.5 cm，浅裂，裂片三角状，反卷，长 0.5 ～ 1.0 cm，黄绿色或乳白色内有紫色斑；花盘肉质，深绿色；花丝钻状，基部微扩大，长 4 ～ 6 mm，花药 3 ～ 5 mm；子房下位。蒴果下部半球状，上部有喙，直径 2.0 ～ 2.5 cm。种子多数，卵形，有翼，细小，棕色。花、果期 7—8 月。

2. 分布

羊乳在国外分布于俄罗斯远东地区、朝鲜、日本，在中国分布于东北、华北、华东和中南各省份。常生于山地灌木林下、沟边阴湿地区或阔叶林内。

3. 功能与主治

羊乳具有补血通乳、养阴润肺、清热解毒、消肿排脓的功效，主治病后体虚、乳少、肺阴不足、肺痈、乳痈、疮疡肿毒等症。

4. 种植质量管理规范

（1）种植地选择

选择排水较好、土壤肥沃、通风透光条件较好的地段、坡度较小的退耕还林地、疏林地、荒山肥沃地种植，土质以腐殖土或沙壤土为宜。

（2）整地

深耕 30 ～ 40 cm，结合施用底肥（腐熟有机肥料 10 ～ 15 t/hm^2，过磷酸钙 300 ～ 400 kg/hm^2，硫酸钾 100 kg/hm^2）。细碎土块、整平，做宽 1.2 m 的畦，畦沟宽 30 cm、深 20 ～ 25 cm。整地作业以在秋季完成为宜。

（3）栽植

春、秋季均可移栽。春栽在 4 月中旬至 5 月中旬，秋栽在 9 月下旬至封冻前。移栽时在种植地开沟，沟深根据苗的长短而定。栽植株距 6 ～ 10 cm、行距 20 cm，摆好苗后覆土厚约 5 cm。

（4）田间管理

①水。干旱时移栽不久的苗应多浇水。雨季注意排水，防止烂根。

②肥。搭架前浇 1 次磷酸二铵水，每亩用 5 kg 磷酸二铵兑水 100 kg 浇根。

③中耕除草。封垄后不必再中耕，松土宜浅，避免伤根。每年除草 3 ～ 5 次，做到早除草、勤除草。

④立架。移栽后开始立架，架高 2 m 左右，每平方米立架 10 根，也可采用挂网式立架。

⑤除顶端。当植株高度超过立架高度时除掉顶端。

（5）病害防治

病害主要有立枯病、褐斑病和锈病。立枯病主要发生于土壤排水不畅时，可喷施 0% 敌克松可湿性粉剂 800 ～ 1200 倍液或 50% 多菌灵可湿性粉剂 500 倍液防治。褐斑病可用 70% 甲基托布津 500 ～ 800 倍液防治，5 ～ 7 天 1 次，连续喷 2 ～ 3 次。锈病可喷施 15% 粉锈宁 1200 倍液防治，7 ～ 10 天 1 次，连续喷 2 ～ 3 次。

5. 采收质量管理规范

（1）采收时间

移栽 2 年、播种 3 年或黑色地膜直播的 2 年生羊乳在 10 月中旬即可采挖。

（2）采收方法

用四股杈或锹将其根翻出，以不伤主根为准。

（3）保存方法

起出后将土抖净即可出售。如起出的参不能及时卖掉，可将参直立堆紧放于深20～30 cm、宽1 m的沟内，上覆8～10 cm厚的松土，可保鲜20～30天，不伤热、不变质。如果作干参，可将鲜参用水洗净扒皮，日光下晒干，扎把出售。

益母草

【拉丁学名】*Leonurus japonicus* Houttuyn。

【科属】唇形科（Lamiaceae）益母草属（*Leonurus*）。

1. 形态特征

1 年生或 2 年生草本。有于其上密生须根的主根；茎直立，通常高 30 ～ 120 cm，钝四棱形，微具槽，有倒向糙伏毛，在节及棱上尤为密集，在基部有时近于无毛，多分枝，或仅于茎中部以上有能育的小枝条。叶轮廓变化很大，茎下部叶轮廓为卵形，基部宽楔形，掌状 3 裂，裂片呈长圆状菱形至卵圆形，通常长 2.5 ～ 6.0 cm，宽 1.5 ～ 4.0 cm，裂片上再分裂，腹面绿色，有糙伏毛，叶脉稍下陷，背面淡绿色，被疏柔毛及腺点，叶脉突出，叶柄纤细，长 2 ～ 3 cm，由于叶基下延而在上部略具翅，腹面具槽，背面圆形，被糙伏毛；茎中部叶轮廓为菱形，较小，通常分裂成 3 枚或偶有多枚长圆状线形的裂片，基部狭楔形，叶柄长 0.5 ～ 2.0 cm；花序最上部的苞叶近于无柄，线形或线状披针形，长 3 ～ 12 cm，宽 2 ～ 8 mm，全缘或具稀少牙齿。轮伞花序腋生，具花 8 ～ 15 朵，轮廓为圆球形，直径 2.0 ～ 2.5 cm，多数远离而组成长穗状花序；小苞片刺状，向上伸出，基部略弯曲，比萼筒短，长约 5 mm，有贴生的微柔毛；花梗无。花萼管状钟形，长 6 ～ 8 mm，外面有贴生微柔毛，内面于离基部 1/3 以上被微柔毛，5 脉，显著，齿 5 枚，前 2 枚齿靠合，长约 3 mm，后 3 枚齿较短，等长，长约 2 mm，齿均宽三角形，先端刺尖。花冠粉红至淡紫红色，长 1.0 ～ 1.2 cm，外面于伸出萼筒部分被柔毛，冠筒长约 6 mm，等大，内面在离基部 1/3 处有近水平向的不明显鳞毛毛环，毛环在背面间断，其上部多少有鳞状毛，冠檐二唇形，上唇直伸，内凹，长圆形，长约 7 mm，宽 4 mm，全缘，内面无毛，边缘具纤毛，下唇略短于上唇，内面在基部疏被鳞状毛，3 裂，中裂片倒心形，先端微缺，边缘薄膜质，基部收缩，侧裂片卵圆形，细小。雄蕊 4 枚，均延伸至上唇片之下，平行，前对较长，花丝丝状，扁平，疏被鳞状毛，花药卵圆形，二室。花柱丝状，略超出于雄蕊而与上唇片等长，无毛，先端相等 2 浅裂，裂片钻形。花盘平顶。子房褐色，无毛。小坚果长圆状三棱形，长 2.5 mm，顶端截平而略宽大，基部楔形，淡褐色，光滑。花期通常在 6—9 月，果期 9—10 月。

2. 分布

益母草在国外分布于俄罗斯、朝鲜、日本、亚洲热带地区、非洲以及美洲各地，在中国各地均有分布。生长于多种环境，尤以阳处为多，生长地海拔可高达 3400 m。

3. 功能与主治

益母草具有活血调经、利尿消肿的功效，主治月经不调、痛经、经闭、恶露不尽、水肿尿少、急性肾炎水肿等症。

4. 种植质量管理规范

（1）种植地选择

选择温暖潮湿、向阳、土壤肥沃、排水良好的沙质壤土种植。

（2）整地

播种前撒施复合肥料 700 ～ 750 kg/hm²，深翻 30 cm 以上，整平，耙细，按畦距 90 ～ 100 cm 整成高 10 ～ 20 cm、宽 100 ～ 120 cm 的畦。穴播可不整畦，但需开好排水沟。

（3）播种

播种于 2 月上旬进行。将种子与草木灰混匀后撒播于畦面上，淋透水，用种量约为 7.5 kg/hm²。

（4）定植

苗高 10 cm 左右时进行大田移栽定植。移栽前按株行距 30 cm×40 cm 挖种植穴，每穴施复合肥料 10 ～ 15 g 作底肥，定植 2 株苗。

（5）田间管理

①中耕除草。在苗高 5 cm、15 cm、30 cm 左右时分别进行中耕除草。幼苗期中耕时要保护好幼苗，以防被土块压迫；封垄前中耕除草时要培土护根。

②水。雨季需注意及时排水。

③肥。追肥切忌肥料过浓，以免伤苗。一般施足底肥即可满足全生育期需要。

（6）病虫害防治

病害主要有白粉病、锈病。白粉病可喷施可湿性甲基托布津 50% 粉剂 800 ～ 1000 倍液或 80 单位庆丰霉素 2 ～ 4 次防治。锈病发病初期可喷施 200 ～ 300 倍敌锈钠液或 0.2 ～ 0.3 波美度石硫合剂防治，间隔 7 ～ 10 天 1 次，连续喷 2 ～ 3 次。

虫害主要有蚜虫、地老虎等。可适时播种，避开蚜虫生长期，减轻蚜虫危害。

虫害发生后喷施 1500 倍 40% 乐果乳油液防治。地老虎可采取堆草透杀、早晨捕杀、毒饵毒杀等方式防治。

5. 采收质量管理规范

（1）采收时间

在 7 月中下旬现蕾即将开花时采收。

（2）采收方法

割取地上部分。

（3）保存方法

益母草收割后，切段，及时晒干或烘干，在干燥过程中避免堆积和淋雨受潮，以防其发酵或叶片变黄，影响质量。

6. 质量要求及分析方法

【性状】

鲜益母草幼苗期无茎，基生叶圆心形，5 ～ 9 浅裂，每裂片有 2 ～ 3 枚钝齿。花前期茎呈方柱形，上部多分枝，四面凹下成纵沟，长 30 ～ 60 cm，直径 0.2 ～ 0.5 cm；表面青绿色；质鲜嫩，断面中部有髓。叶交互对生，有柄；叶片青绿色，质鲜嫩，揉之有汁；下部茎生叶掌状 3 裂，上部叶羽状深裂或浅裂成 3 片，裂片全缘或具少数锯齿。气微，味微苦。

干益母草茎表面灰绿色或黄绿色；体轻，质韧，断面中部有髓。叶片灰绿色，多皱缩、破碎，易脱落。轮伞花序腋生，小花淡紫色，花萼筒状，花冠二唇形。切段者长约 2 cm。

【鉴别】

①本品茎横切面：表皮细胞外被角质层，有茸毛；腺鳞头部 4 个、6 个细胞或 8 个细胞，柄单细胞；非腺毛 1 ～ 4 个细胞。下皮厚角细胞在棱角处较多。皮层为数列薄壁细胞；内皮层明显。中柱鞘纤维束微木化。韧皮部较窄。木质部在棱角处较发达。髓部薄壁细胞较大。薄壁细胞含细小草酸钙针晶和小方晶。鲜品近表皮部分皮层薄壁细胞含叶绿体。

②取盐酸水苏碱【含量测定】项下的供试品溶液 10 mL，蒸干，残渣加无水乙醇 1 mL 使溶解，离心，取上清液作为供试品溶液（鲜品干燥后粉碎，同法制成）。另取盐酸水苏碱对照品，加无水乙醇制成每 1 mL 含 1 mg 的溶液，作为对照品溶液。照薄层色谱法（通则 0502）试验，吸取上述两种溶液各 5 ～ 10 μL，分别点于同一硅胶

G 薄层板上，以丙酮 – 无水乙醇 – 盐酸（10∶6∶1）为展开剂，展开，取出，晾干，在 105 ℃加热 15 分钟，放冷，喷以稀碘化铋钾试液 – 三氯化铁试液（10∶1）混合溶液至斑点显色清晰。供试品色谱中，在与对照品色谱相应的位置上，显相同颜色的斑点。

【检查】 干益母草水分不得过 13.0%（通则 0832 第二法），总灰分不得过 11.0%（通则 2302）。

【浸出物】 干益母草照水溶性浸出物测定法（通则 2201）项下的热浸法测定，不得少于 15.0%。

【含量测定】

①干益母草盐酸水苏碱照高效液相色谱法（通则 0512）测定。

色谱条件与系统适用性试验：以丙基酰胺键合硅胶为填充剂；以乙腈 –0.2% 冰醋酸溶液（80∶20）为流动相；用蒸发光散射检测器检测。理论板数按盐酸水苏碱峰计算应不低于 6000。

对照品溶液的制备：取盐酸水苏碱对照品适量，精密称定，加 70% 乙醇制成每 1 mL 含 0.5 mg 的溶液，即得。

供试品溶液的制备：取本品粉末（过三号筛）约 1 g，精密称定，置具塞锥形瓶中，精密加入 70% 乙醇 25 mL，称定重量，加热回流 2 小时，放冷，再称定重量，用 70% 乙醇补足减失的重量，摇匀，滤过，取续滤液，即得。

测定法：分别精密吸取对照品溶液 5 μL、10 μL、供试品溶液 10～20 μL，注入液相色谱仪，测定，用外标两点法对数方程计算，即得。

本品按干燥品计算，含盐酸水苏碱（$C_7H_{13}NO_2 \cdot HCl$）不得少于 0.50%。

②盐酸益母草碱照高效液相色谱法（通则 0512）测定。

色谱条件与系统适用性试验：以十八烷基硅烷键合硅胶为填充剂；以乙腈 –0.4% 辛烷磺酸钠的 0.1% 磷酸溶液（24∶76）为流动相；检测波长为 277 nm。理论板数按盐酸益母草碱峰计算应不低于 6000。

对照品溶液的制备：取盐酸益母草碱对照品适量，精密称定，加 70% 乙醇制成每 1 mL 含 30 μg 的溶液，即得。

测定法：分别精密吸取对照品溶液与盐酸水苏碱【含量测定】项下供试品溶液各 10 μL，注入液相色谱仪，测定，即得。

本品按干燥品计算，含盐酸益母草碱（$C_{14}H_{21}O_5N_3 \cdot HCl$）不得少于 0.050%。

银杏

【拉丁学名】*Ginkgo biloba* L.。

【科属】银杏科（Ginkgoaceae）银杏属（*Ginkgo*）。

1. 形态特征

落叶大乔木。植株高达 40 m，胸径可达 4 m。幼树树皮浅纵裂，大树之皮呈灰褐色，深纵裂，粗糙；幼年及壮年树冠圆锥形，老年则广卵形；枝近轮生，斜上伸展（雌株的大枝常较雄株开展）；1 年生的长枝淡褐黄色，2 年生以上变为灰色，并有细纵裂纹；短枝密被叶痕，黑灰色，短枝上亦可长出长枝；冬芽黄褐色，常为卵圆形，先端钝尖。叶扇形，有长柄，淡绿色，无毛，有多数叉状并列细脉，顶端宽 5～8 cm，在短枝上常具波状缺刻，在长枝上常 2 裂，基部宽楔形，柄长 3～10 cm（多为 5～8 cm），幼树及萌生枝上的叶常较大而深裂（叶片长达 13 cm，宽 15 cm），有时裂片再分裂（这与较原始的化石种类之叶相似），叶在 1 年生长枝上螺旋状散生，在短枝上 3～8 叶呈簇生状，秋季落叶前变为黄色。球花雌雄异株，单性，生于短枝顶端的鳞片状叶的腋内，呈簇生状；雄球花荑黄花序状，下垂，雄蕊排列疏松，具短梗，花药常 2 个，长椭圆形，药室纵裂，药隔不发；雌球花具长梗，梗端常分 2 叉，稀 3～5 叉或不分叉，每叉顶生一盘状珠座，胚珠着生其上，通常仅 1 颗叉端的胚珠发育成种子，风媒传粉。种子具长梗，下垂，常为椭圆形、长倒卵形、卵圆形或近圆球形，长 2.5～3.5 cm，直径为 2 cm，外种皮肉质，成熟时黄色或橙黄色，外被白粉，有臭味；中种皮白色，骨质，具 2～3 条纵脊；内种皮膜质，淡红褐色；胚乳肉质，味甘略苦；子叶 2 枚，稀 3 枚，发芽时不出土，初生叶 2～5 片，宽条形，长约 5 mm，宽约 2 mm，先端微凹，第 4 或第 5 片起之后生叶扇形，先端具一深裂及不规则的波状缺刻，叶柄长 0.9～2.5 cm；有主根。花期 3—4 月，种子 9—10 月成熟。

2. 分布

银杏为中生代孑遗的稀有树种，系中国特产，仅浙江天目山有野生的银杏，生于海拔 500～1000 m、酸性（pH 值为 5.0～5.5）黄壤、排水良好的天然林中，常与柳杉、榧树、蓝果树等针阔叶树种混生。在中国，银杏的栽培区甚广：北自东北沈阳，南达广州，东起华东海拔 40～1000 m 地带，西南至贵州、云南西部（腾冲）海拔 2000 m 以下地带均有栽培。

3. 功能与主治

银杏具有敛肺定喘、止带浊、缩小便的功效，主治痰多喘咳、带下白浊、遗尿、尿频等症。

4. 种植质量管理规范

（1）种植地选择

苗圃宜选择交通便利、排水良好、土质疏松的中性或微酸性壤土地段，以具有灌溉条件的熟化耕地和苗圃地最为适宜。育苗地以壤土或沙壤土为宜。移栽地应选地势高、日照时间长、土壤深厚肥沃、排灌方便、微酸性至中性的沙质壤土或壤土，可在庭院四周、道路两旁、溪河两岸、荒山及耕地栽种。

（2）整地

育苗地耙细整平，形成宽 1.2 m、高 25 cm 的龟背形畦面，中间略高，四周略低。种植地于冬初深翻，每亩施有机肥料 500 kg、复合肥料或磷酸二氢钾 30～50 kg，并混入呋喃丹、硫酸亚铁各 2.5 kg 进行土壤消毒。

（3）选种

银杏品种众多，栽植前根据栽培目的进行选种。

（4）栽植

春季萌芽前、秋季落叶后可进行移栽，株行距为 4 m×5 m 或 4 m×4 m，雌雄搭配（每 15～20 株雌树，搭配 1～2 株雄树）种植。移栽前挖定植穴，穴宽和穴深控制在 50 cm 左右，每穴施用腐熟有机肥料和磷饼肥混合堆肥 20 kg，与底土混合均匀，覆盖 10 cm 厚的细土，然后将银杏幼苗栽入坑中，使根系伸直、舒展，覆土略高于原土水平，然后浇定根水。

（5）田间管理

①水。栽植后要注意浇水，第 1 次为定根水，浇透为止。在缺水的情况下每隔 5 天左右再浇 1 次，其他时间要注意旱季适当浇水，雨季及时排除积水。

②肥。春施长叶肥，幼树或小树谷雨前 1 个月施肥，以速效肥为主，有机肥料为辅，化肥以氮磷钾复合肥料为最好，每株施 2.5～5.0 kg，小树适当减少用量。夏季 7 月上旬前施长果肥，以速效肥为好，每株施入尿素 0.5 kg（浓度在 0.1% 左右）。秋施养体肥，以农家肥为好，开沟施肥，施肥量按白果常年产量的 3～4 倍重施栏

肥。冬季重施基肥，春节前后开深沟，重施基肥1次，基肥以土杂肥、饼肥为好。

③松土、除草。银杏喜肥、喜湿并要求高度通气，种植后需加强土壤管理，可与豆类、马铃薯等矮小作物或草本植物套种。结合套种作物进行中耕除草和追肥。每年秋、冬季深挖松土1次，以便使树盘周围保持疏松状态。此外，还需定期对园地进行清杂。

④嫁接。实生银杏一般需20多年才能结果，嫁接可提早银杏的结果时期，并能改善其品质，提高其产量。嫁接一般在3月中旬至4月上旬进行。接穗选择1～2年生、苗壮饱满的雌树幼枝（至少有2～3个饱满的芽）。砧木选择生长旺盛的雌树，树龄不限。用嫁接刀在距叶柄约3 cm处切断砧芽，然后顺叶柄沿胚茎中心切开2.0～2.5 cm的切口，按常规方法削接穗，削面长2.0～2.5 cm。

⑤人工授粉。银杏是风媒植物，为提高银杏树的结果率，可进行人工授粉，即在雄株上剪下雄花枝，挂在雌株风头最高处，确保能够自然授粉；也可选择人工液体授粉，即将雄花摘下，用薄纸包上放在阳光下晾干，约0.5 kg的雄花配28 kg的水，过滤后喷在雌株上。

⑥促花保果。在5月、6月和7月下旬对3年生以上旺盛枝干进行环剥。在5月下旬树梢长15 cm时连续摘心，以促进成花。5月中旬到6月上旬在花期喷洒0.2%的磷酸二氢钾以及0.3%的硼砂控制落花、落果。

⑦整形修剪。每年冬季剪除枯枝、细枝、弱枝、重叠枝、直立性枝条和病虫枝条，同时剪除根部萌蘖。

（6）病虫害防治

病害主要有叶枯病和干腐病。防治叶枯病可在生长前使用25%多菌灵或70%甲基托布津喷洒2～3次，防治干腐病需要在生长前施用20%速灭杀丁乳油。

虫害主要有木蛾、金龟子和卷叶蛾等。防治木蛾可喷施10%吡虫啉1500倍液，间隔7～10天1次，连喷2次；银杏休眠期可对藏身于树洞内的木蛾进行清除，达到防治的目的。防治金龟子可喷施10%吡虫啉2000倍液，间隔7～10天1次，连喷3次。防治卷叶蛾可喷施2.5%溴氰菊酯乳油500倍液。

5. 采收质量管理规范

（1）采收时间

当种子球果外种皮由青绿色变为橙褐色和青褐色，自然成熟落地果外皮呈褐黄色、用手捏较软时，即可采收。

（2）采收方法

树冠较低的，人工直接摇树或用长竹竿震落后拾取；树冠高大的，可用升降机震落或吊车举人上树摘取。此外，还可在80%的果实成熟时用600 mg/kg的乙烯利向树冠处喷雾，加速球果全部成熟，然后略加震动即可脱落。

（3）保存方法

可采取干藏、沙藏、水藏及冷藏等方法保存。

6. 质量要求及分析方法

【性状】本品略呈椭圆形，一端稍尖，另端钝，长1.5～2.5 cm，宽1～2 cm，厚约1 cm。表面黄白色或淡棕黄色，平滑，具2～3条棱线。中种皮（壳）骨质，坚硬。内种皮膜质，种仁宽卵球形或椭圆形，一端淡棕色，另一端金黄色，横断面外层黄色，胶质样，内层淡黄色或淡绿色，粉性，中间有空隙。气微，味甘、微苦。

【鉴别】

①本品粉末浅黄棕色。石细胞单个散在或数个成群，类圆形、长圆形、类长方形或不规则形，有的具突起，长60～322 μm，直径27～125 μm，壁厚，孔沟较细密。内种皮薄壁细胞浅黄棕色至红棕色，类方形、长方形或类多角形。胚乳薄壁细胞多类长方形，内充满糊化淀粉粒。具缘纹孔管胞，多破碎，直径33～72 μm。

②取本品粉末10 g，加甲醇40 mL，加热回流1小时，放冷，滤过，滤液回收溶剂至干，残渣加水15 mL使溶解，通过少量棉花滤过，滤液通过聚酰胺柱（80～100目，3 g，内径为10～15 mm），用水70 mL洗脱，收集洗脱液，用乙酸乙酯振摇提取2次，每次40 mL，合并乙酸乙酯液，回收溶剂至干，残渣加甲醇1 mL使溶解，作为供试品溶液。另取银杏内酯A对照品、银杏内酯C对照品，加甲醇制成每1 mL各含0.5 mg的混合溶液作为对照品溶液。照薄层色谱法（通则0502）试验，吸取上述2种溶液各10 μL，分别点于同一以含4%醋酸钠的羧甲基纤维素钠溶液为黏合剂的硅胶G薄层板上，以甲苯–乙酸乙酯丙酮–甲醇（10：5：5：0.6）为展开剂，展开，取出，晾干，喷以醋酐，在140～160 ℃加热30分钟，置紫外光灯（365 nm）下检视。供试品色谱中，在与对照品色谱相应的位置上，显相同颜色的荧光斑点。

【检查】水分照水分测定法（通则0832第二法）测定，不得过10.0%。

【浸出物】照醇溶性浸出物测定法（通则2201）项下的热浸法测定，用稀乙醇作溶剂，不得少于13.0%。

余甘子

【拉丁学名】*Phyllanthus emblica* L.。

【科属】大戟科（Euphorbiaceae）叶下珠属（*Phyllanthus*）。

1. 形态特征

乔木。植株高达 23 m，胸径 50 cm。树皮浅褐色；枝条具纵细条纹，被黄褐色短柔毛。叶片纸质至革质，二列，线状长圆形，长 8 ~ 20 mm，宽 2 ~ 6 mm，顶端截平或钝圆，有锐尖头或微凹，基部浅心形而稍偏斜，腹面绿色，背面浅绿色，干后带红色或淡褐色，边缘略背卷；侧脉每边 4 ~ 7 条；叶柄长 0.3 ~ 0.7 mm；托叶三角形，长 0.8 ~ 1.5 mm，褐红色，边缘有睫毛。多朵雄花和 1 朵雌花或全为雄花组成腋生的聚伞花序；萼片 6 枚。雄花：花梗长 1.0 ~ 2.5 mm；萼片膜质，黄色，长倒卵形或匙形，近相等，长 1.2 ~ 2.5 mm，宽 0.5 ~ 1.0 mm，顶端钝或圆，边缘全缘或有浅齿；雄蕊 3 枚，花丝合生成长 0.3 ~ 0.7 mm 的柱，花药直立，长圆形，长 0.5 ~ 0.9 mm，顶端具短尖头，药室平行，纵裂；花粉近球形，直径 17.5 ~ 19.0 μm，具 4 ~ 6 条孔沟，内孔多长椭圆形；花盘腺体 6 个，近三角形。雌花：花梗长约 0.5 mm；萼片长圆形或匙形，长 1.6 ~ 2.5 mm，宽 0.7 ~ 1.3 mm，顶端钝或圆，较厚，边缘膜质，多少具浅齿；花盘杯状，包藏子房达一半以上，边缘撕裂；子房卵圆形，长约 1.5 mm，3 室，花柱 3 个，长 2.5 ~ 4.0 mm，基部合生，顶端 2 裂，裂片顶端再 2 裂。蒴果呈核果状，圆球形，直径 1.0 ~ 1.3 cm，外果皮肉质，绿白色或淡黄白色，内果皮硬壳质。种子略带红色，长 5 ~ 6 mm，宽 2 ~ 3 mm。花期 4—6 月，果期 7—9 月。

2. 分布

余甘子在国外分布于印度、斯里兰卡、中南半岛、印度尼西亚、马来西亚和菲律宾等地，在中国分布于江西、福建、台湾、广东、海南、广西、四川、贵州和云南。常生于海拔 200 ~ 2300 m 山地疏林、灌丛、荒地或山沟向阳处。

3. 功能与主治

余甘子具有清热凉血、消食健胃、生津止咳的功效，主治血热血瘀、消化不良、腹胀、咳嗽、喉痛、口干等症。

4. 种植质量管理规范

（1）种植地选择

选择光照充足、海拔为 250 m 左右、坡度小于 25°、向南坡或东南坡（平原忌低洼地）、土层深度为 1 m、土质疏松肥沃、有机质含量＞1.50%、pH 值为 6～7 的地块种植。

（2）整地

定植前 6 个月整地，株行距以 3 m×4 m 为宜。挖定植穴后充分暴晒，雨季来临前回填，施足底肥，底肥每穴可用农家肥 15～20 kg 加复合肥料 1.5 kg。

（3）定植

苗木定植时先将苗木在黄泥浆中浆根，再将苗木置于种植穴中间，填土，压实，浇足定根水，表面再盖一层松土。定植后以苗木根茎部与地表水平一致为宜。

（4）田间管理

①土壤。定植 1～2 年后，每年于植株定植穴外围的一侧或相对两侧挖长、深、宽分别为 100 cm、40 cm、30 cm 的沟。每株回填绿肥、秸秆 20～25 kg，人畜粪尿、火烧土等 15～25 kg，钙镁磷肥或过磷酸钙 1～3 kg，石灰 0.5～1.0 kg。

②水。春梢、夏梢、秋梢抽发期及果实发育期需适量浇水，浇水量以湿透根系主要分布层（20 cm 以上）为宜。雨季应及时排水。

③肥。幼树追肥需薄肥勤施，以氮肥为主，配合施用磷钾肥，每年 3～4 次。第 1 次在 2 月春梢萌动前，第 2 次在 4 月春梢抽发期，第 3 次在 6 月春梢充实和夏梢抽梢期，第 4 次在 8 月秋梢萌发期。成年树一般每年施复壮肥及梢果肥 2 次肥，肥料使用配比为 N：P_2O_5：K_2O=1：1.21：1.56，亩施氮肥 16.50 kg、磷肥 19.90 kg、钾肥 25.80 kg。

④整形修剪。秋季落叶后至春季萌芽前进行修剪，对结果母枝进行短截，并对结果母枝粗度小于 0.4 cm 的枝条进行短截，留桩 20～30 cm。

（5）虫害防治

余甘子生长过程中虫害较少，主要受蚜虫、介壳虫和卷叶蛾的危害。蚜虫可通过喷施 60% 吡虫啉 2000～3000 倍液进行防治。介壳虫可用 45% 瓢甲敌乳油 1000～2000 倍液进行喷杀。卷叶蛾防治应摘除虫包烧毁，或用 1.8% 阿维菌素乳油 3000～4000 倍液、2.5% 溴氰菊酯 4000～6000 倍液、40.7% 毒死乳油 1000～1500 倍液喷雾。

5. 采收质量管理规范

（1）采收时间

早熟品种于 8 月中下旬采收，粉甘在 10 月中旬采收，用于加工蜜饯和保鲜的应适当延长采收期。

（2）采收方法

依据品种特性采取分批、分期采摘。选择在晴天采果，由树冠外围向内，从上而下，或从下而上，用手逐个采摘，轻采轻放于筐内，尽量避免果实机械性损伤。

（3）保存方法

直接鲜果上市或加工成蜜饯保存。

6. 质量要求及分析方法

【性状】本品呈球形或扁球形，直径 1.2 ～ 2.0 cm。表面棕褐色或墨绿色，有浅黄色颗粒状突起，具皱纹及不明显的 6 棱，果梗长约 1 mm。外果皮厚 1 ～ 4 mm，质硬而脆。内果皮黄白色，硬核样，表面略具 6 棱，背缝线的偏上部有数条筋脉纹，干后可裂成 6 瓣，种子 6 粒，近三棱形，棕色。气微，味酸涩，回甜。

【鉴别】取本品粉末 0.5 g，加乙醇 20 mL，超声处理 20 分钟，滤过，滤液蒸干，残渣加水 20 mL 使溶解，加乙酸乙酯 30 mL 振摇提取，取乙酸乙酯液，蒸干，残渣加甲醇 1 mL 使溶解，作为供试品溶液。另取余甘子对照药材 0.5 g，同法制成对照药材溶液。照薄层色谱法（通则 0502）试验，吸取上述 2 种溶液各 2 ～ 4 μL，分别点于同一硅胶 G 薄层板上，以三氯甲烷 - 乙酸乙酯 - 甲醇 - 甲酸（9：9：3：0.2）为展开剂，展开，取出，晾干，喷以 10% 硫酸乙醇溶液，热风吹至斑点显色清晰，置紫外光灯（365 nm）下检视。供试品色谱中，在与对照药材色谱相应的位置上，显相同颜色的荧光斑点。

【检查】水分不得过 13.0%（通则 0832 第二法），总灰分不得过 5.0%（通则 2302）。

【浸出物】照水溶性浸出物测定法（通则 2201）项下的冷浸法测定，不得少于 30.0%。

【含量测定】照高效液相色谱法（通则 0512）测定。

色谱条件与系统适用性试验：以十八烷基硅烷键合硅胶为填充剂；以甲醇 -0.2% 磷酸溶液（5：95）为流动相；检测波长为 273 nm。理论板数按没食子酸峰计算应不低于 2000。

对照品溶液的制备：取没食子酸对照品适量，精密称定，加 50% 甲醇制成每

1 mL 含 25 μg 的溶液，即得。

供试品溶液的制备：取本品粉末（过三号筛）约 0.1 g，精密称定，置具塞锥形瓶中，精密加入 50% 甲醇 50 mL，称定重量，加热回流 1 小时，放冷，再称定重量，用 50% 甲醇补足减失的重量，摇匀，滤过，取续滤液，即得。

测定法：分别精密吸取对照品溶液 10 μL 与供试品溶液 5 ～ 10 μL，注入液相色谱仪，测定，即得。

本品按干燥品计算，含没食子酸（$C_7H_6O_5$）不得少于 1.2%。

玉竹

【拉丁学名】*Polygonatum odoratum*（Mill.）Druce。

【科属】天门冬科（Asparagaceae）黄精属（*Polygonatum*）。

1. 形态特征

根状茎圆柱形，直径 5 ～ 14 mm。茎高 20 ～ 50 cm。具 7 ～ 12 片叶；叶互生，椭圆形至卵状矩圆形，长 5 ～ 12 cm，宽 3 ～ 16 cm，先端尖，背面带灰白色，背面脉上平滑至呈乳头状粗糙。花序具 1 ～ 4 朵花（在栽培情况下，可多至 8 朵），总花梗（单花时为花梗）长 1.0 ～ 1.5 cm，无苞片或有条状披针形苞片；花被黄绿色至白色，全长 13 ～ 20 mm，花被筒较直，裂片长 3 ～ 4 mm；花丝丝状，近平滑至具乳头状突起，花药长约 4 mm；子房长 3 ～ 4 mm，花柱长 10 ～ 14 mm。浆果蓝黑色，直径 7 ～ 10 mm。具种子 7 ～ 9 粒。花期 5—6 月，果期 7—9 月。

2. 分布

玉竹在中国分布于黑龙江、吉林、辽宁、河北、山西、内蒙古、甘肃、青海、山东、河南、湖北、湖南、安徽、江西、江苏、台湾。常生于林下或山野阴坡处，海拔 500 ～ 3000 m。

3. 功能与主治

玉竹具有养阴润燥、生津止渴的功效，主治肺胃阴伤、燥热咳嗽、咽干口渴、内热消渴等症。

4. 种植质量管理规范

（1）种植地选择

选择背风向阳、排水良好、土壤疏松、土层深厚的沙质壤土种植，平地、坡地、干旱稻田、新垦荒地均可栽培。忌在地势低洼、土质黏重、易积水的地块栽培，忌连作，忌迎风、强光直射之地。

（2）整地

地表匀撒农家厩肥，施肥量为 2～3 kg/m² 或施入林下腐殖土并混拌少量氮磷钾复合肥料。深翻 20～30 cm，使土与肥充分混合。清除杂物。林下依地面情况做苗床，床高 10～15 cm，床长、宽根据实际情况而定。平地苗床长度为 10～20 m，宽为 1.5～2.0 m，高为 10～15 cm，两苗床之间留 50～60 cm 宽空行备种玉米等高棵作物。

（3）栽植

①种子繁殖。9 月采摘成熟种子，不用储藏，于 10 月下旬至 11 月上旬选阴天或晴天播种。在预备好的苗床上按行距 10 cm 开沟，将种子均匀播入沟内，覆土厚约 2 cm，稍填压即可。每亩播种量为 10～15 kg。若翌年春播，则需进行催芽处理。

②种茎繁殖。在春季（4 月中旬）或秋季（10 月下旬至 11 下旬）选择根茎肥大、芽萌发旺盛的黄白色根芽作为种茎，根长保留 5 cm 左右，稍加晾晒，用 50% 多菌灵粉剂蘸切口。种植地开约 10 cm 的深沟，沟距为 25 cm。将根段按 10～20 cm 距离摆于沟内，顶芽朝上，盖 4～5 cm 厚的细土，稍填压。随挖、随选、随栽。

（4）田间管理

①覆盖。覆盖材料可采用稻草、麦秆、玉米秆、枯枝落叶等，覆盖 6～7 cm 厚，保持土壤湿润，控制杂草生长。

②水。埋根或播种时需浇透水 1 次。生长季遇极度干旱需及时浇水，雨季及时排除积水。

③肥。苗长到 8～12 cm 高时追 1 次提苗肥（以复合肥料为宜）。冬季倒苗后，清除杂草，每亩施土杂肥 4000 kg 或猪牛栏肥 4000 kg，或复合肥料 100 kg 再加盖 5～6 cm 厚的稻草或枯枝落叶，或就地取挖心土培蔸。

④除草。出苗时要及时除草，到 6 月可喷草甘膦除草剂。

⑤整形修剪。栽种在林下的玉竹，在 3 月或生长季适量剪去分权枝。

（5）病虫害防治

病害主要有根腐病、褐斑病。根腐病常于 3 月初发生，需及时清除病株病根，发病时用 1∶2∶250 波尔多液或绿乳酮乳油 500 倍液灌根。褐斑病常于 5 月发病，7—8 月最重，可交替喷施 50% 代森锰锌 500 倍液、50% 万霉灵 400 倍液 2～3 次防治。

虫害主要有金龟子、野蛞蝓等。利用金龟子趋光性强的特点，用黑光灯、日光灯对其进行诱杀。在沟边、地头或玉竹行间每亩撒石灰粉 5.0～7.5 kg 可有效防治野蛞蝓。

5. 采收质量管理规范

（1）采收时间

栽种 2～3 年后即可采收。在入秋后地上部分开始枯萎时，选择雨后晴天、土壤湿度适宜时收获，以便与栽种时间相衔接。

（2）采收方法

采挖时先割去地上茎杆，用耙头从下往上撬的挖法，挖起根茎。一般边挖边退，抖去泥土，防止玉竹折断。

（3）保存方法

玉竹切片晒到八九成干时即可用薄膜袋密封，包装入纸箱，然后储存于通风、干燥处。

6. 质量要求及分析方法

【性状】本品呈长圆柱形，略扁，少有分枝，长 4～18 cm，直径 0.3～1.6 cm。表面黄白色或淡黄棕色，半透明，具纵皱纹和微隆起的环节，有白色圆点状的须根痕和圆盘状茎痕。质硬而脆或稍软，易折断，断面角质样或显颗粒性。气微，味甘，嚼之发黏。

【检查】水分不得过 16.0%（通则 0832 第二法），总灰分不得过 3.0%（通则 2302）。

【浸出物】照醇溶性浸出物测定法（通则 2201）项下的冷浸法测定，用 70% 乙醇作溶剂，不得少于 50.0%。

【含量测定】

对照品溶液的制备：取无水葡萄糖对照品适量，精密称定，加水制成每 1 mL 含无水葡萄糖 0.6 mg 的溶液，即得。

标准曲线的制备：精密量取对照品溶液 1.0 mL、1.5 mL、2.0 mL、2.5 mL、3.0 mL，分别置 50 mL 量瓶中，加水至刻度，摇匀。精密量取上述各溶液 2 mL，置具塞试管中，分别加 4% 苯酚溶液 1 mL，混匀，迅速加入硫酸 7.0 mL，摇匀，于 40 ℃ 水浴中保温 30 分钟，取出，置冰水浴中 5 分钟，取出，以相应试剂为空白，照紫外 – 可见分光光度法（通则 0401），在 490 nm 的波长处测定吸光度，以吸光度为纵坐标、浓度为横坐标，绘制标准曲线。

测定法：取本品粗粉约 1 g，精密称定，置圆底烧瓶中，加水 100 mL，加热回流 1 小时，用脱脂棉滤过，如上重复提取 1 次，两次滤液合并，浓缩至适量，转移至 100 mL 量瓶中，加水至刻度，摇匀，精密量取 2 mL，加乙醇 10 mL，搅拌，离心，取沉淀加水溶解，置 50 mL 量瓶中，并稀释至刻度，摇匀，精密量取 2 mL，照标准曲线的制备项下的方法，自"加 4% 苯酚溶液 1 mL"起，依法测定吸光度，从标准曲线上读出供试品溶液中无水葡萄糖的重量（mg），计算，即得。

本品按干燥品计算，含玉竹多糖以葡萄糖（$C_6H_{12}O_6$）计，不得少于 6.0%。

栀子

【拉丁学名】*Gardenia jasminoides* Ellis。

【科属】茜草科（Rubiaceae）栀子属（*Gardenia*）。

1. 形态特征

常绿灌木。高达 3 m。叶对生或 3 枚轮生，长圆状披针形、倒卵状长圆形、倒卵形或椭圆形，长 3 ～ 25 cm，宽 1.5 ～ 8.0 cm，先端渐尖或短尖，基部楔形，两面无毛，侧脉 8 ～ 15 对；叶柄长 0.2 ～ 1.0 cm；托叶膜质，基部合生成鞘；花芳香，单朵生于枝顶，萼筒宿存；花冠白色或乳黄色，高脚碟状；果卵形、近球形、椭圆形或长圆形，黄色或橙红色，长 1.5 ～ 7.0 cm，直径 1.2 ～ 2.0 cm，有翅状纵棱 5 ～ 9 条，宿存萼裂片长达 4 cm，宽 6 mm；种子多数，近圆形。

2. 分布

栀子在国外分布于日本、朝鲜、越南、老挝、柬埔寨、印度、尼泊尔、巴基斯坦、太平洋岛屿和美洲北部，在中国分布于山东、江苏、安徽、浙江、江西、福建、台湾、湖北、湖南、广东、香港、广西、海南、四川、贵州和云南，河北、陕西和甘肃有栽培。野生或栽培，主要生于旷野、丘陵、山谷、山坡、溪边的灌丛或林中。

3. 功能与主治

栀子果实具有泻火除烦、清热利尿、凉血解毒的功效，主治热病心烦、黄疸尿赤、血淋涩痛、血热吐衄、目赤肿痛、火毒疮疡等症，外治扭挫伤痛；根具有泻火解毒、清热利湿、凉血散瘀的功效，主治传染性肝炎、跌打损伤、风火牙痛等症。

4. 种植质量管理规范

（1）种植地选择

选择土层深厚、土质疏松、排水透气、排灌方便、交通便利的丘陵、岗地和通风的阳坡山地种植，也可在山坡、土坝、田边、地角栽种。忌在黏土、重黏土和有积水的地方栽种。

（2）整地

翻耕 30 ～ 50 cm，按宽 100 ～ 150 cm 起垄，垄高约 20 cm，每亩施人粪尿 300 ～ 500 kg，整平畦面。在垄面按 20 ～ 30 cm 行距开播种沟，沟深 3 ～ 5 cm。

（3）育苗

春播或秋播。春播在雨水前后，秋播在秋分前后。播时将种子拌上细土均匀地撒于播种沟内，用细土覆盖，盖草淋水，保持土壤湿润。

（4）移栽

3—4 月阴雨天进行移栽，密度为 450 ～ 550 株 / 亩。选取茎干粗壮、根系发达、枝叶青绿、株高在 30 cm 以上的 1 年生苗木进行移栽，移栽前适当修剪枝叶并用黄泥浆沾根，盖草保湿，每穴种 1 株，盖土、压实、淋透水。翌年对缺苗进行补植。

（5）田间管理

①水。雨季应及时排涝，旱季及时浇水。

②肥。冬季施基肥，以农家肥为主，每亩施 3000 ～ 4000 kg。开花前追施氮磷钾全肥，花期与果期追施钾肥。在坡地围绕植株侧开 15 cm 深的马蹄沟施肥；平地开环形沟，所开的沟距植株 15 ～ 30 cm。

③中耕除草。幼苗期及时清除园内杂草；进入结果期后，每年可进行 1 ～ 2 次松土除草。于每年 3 月底前垦抚 1 次，8 月底劈抚 1 次。

④整形修剪。每年 5—7 月各修剪 1 次，剪去顶梢及病枝、过密枝。

（6）病虫害防治

病害主要有叶子黄化病、叶斑病、煤烟病、腐烂病等。黄化病可喷洒 0.7% ～ 0.8% 硼镁肥防治。叶斑病发病期用 1∶1∶100 的波尔多液或 65% 代森锌 500 倍液防治，每隔 7 ～ 10 天 1 次，连续 3 ～ 4 次。煤烟病喷施多菌灵 800 ～ 1000 倍液进行防治。发现腐烂病后立即刮除或涂 5 ～ 10 波美度石硫合剂防治。

虫害主要有介壳虫、蚜虫和红蜡蚧等。介壳虫于每年春季喷洒 0.2 ～ 0.5 波美度石硫合剂杀灭虫卵，蚜虫可用刮除老皮或萌芽前喷施含油量 55% 的柴油乳剂防治，红蜡蚧在盛虫期可喷施 20 号石油乳剂 150 倍液防治。

5. 采收质量管理规范

（1）采收时间

5 月中旬花初放时采收花，11 月果实由青转黄时即可采摘果实。

（2）采收方法

花初放时采收，晒干备用或鲜用。果实成熟一批采摘一批，摘取果实时除去果柄等杂质。根、叶随采随用。

（3）保存方法

果实采收后晒干或烘干，筛去灰屑，拣净杂质即为药用生山栀。碾碎的栀子在锅内分别以文火、中火、武火炒至金黄色并渗出清香气、焦黄色并渗出焦香气、黑褐色微带火星时，取出晾干，分别可得中药炒栀子、焦栀子、栀子炭。

6. 质量要求及分析方法

【性状】本品呈长卵圆形或椭圆形，长 1.5～3.5 cm，直径 1.0～1.5 cm。表面红黄色或棕红色，具 6 条翅状纵棱，棱间常有 1 条明显的纵脉纹，并有分枝。顶端残存萼片，基部稍尖，有残留果梗。果皮薄而脆，略有光泽；内表面色较浅，有光泽，具 2～3 条隆起的假隔膜。种子多数，扁卵圆形，集结成团，深红色或红黄色，表面密具细小疣状突起。气微，味微酸而苦。

【鉴别】

①本品粉末红棕色。内果皮石细胞类长方形、类圆形或类三角形，常上下层交错排列或与纤维连结，直径 14～34 μm，长约至 75 μm，壁厚 4～13 μm；胞腔内常含草酸钙方晶。内果皮纤维细长，梭形，直径约 10 μm，长约至 110 μm，常交错、斜向镶嵌状排列。种皮石细胞黄色或淡棕色，长多角形、长方形或形状不规则，直径 60～112 μm，长至 230 μm，壁厚，纹孔甚大，胞腔棕红色。草酸钙簇晶直径 19～34 μm。

②取本品粉末 1 g，加 50% 甲醇 10 mL，超声处理 40 分钟，滤过，取滤液作为供试品溶液。另取栀子对照药材 1 g，同法制成对照药材溶液。再取栀子苷对照品，加乙醇制成每 1 mL 含 4 mg 的溶液，作为对照品溶液。照薄层色谱法（通则 0502）试验，吸取上述 3 种溶液各 2 μL，分别点于同一硅胶 G 薄层板上，以乙酸乙酯 - 丙酮 - 甲酸 - 水（5：5：1：1）为展开剂，展开，取出，晾干。供试品色谱中，在与对照药材色谱相应的位置上，显相同颜色的黄色斑点；再喷以 10% 硫酸乙醇溶液，在 110 ℃加热至斑点显色清晰。供试品色谱中，在与对照药材色谱和对照品色谱相应的位置上，显相同颜色的斑点。

【检查】水分不得过 8.5%（通则 0832 第二法）；总灰分不得过 6.0%（通则 2302）；重金属及有害元素照铅、镉、砷、汞、铜测定法（通则 2321 原子吸收分光光度法或电感耦合等离子体质谱法）测定，铅不得过 5 mg/kg，镉不得过 1 mg/kg，砷不得过 2 mg/kg，汞不得过 0.2 mg/kg，铜不得过 20 mg/kg。

【含量测定】同药材，药材含栀子苷不得少于 1.5%。

枳椇

【拉丁学名】*Hovenia acerba* Lindl.。

【科属】鼠李科（Rhamnaceae）枳椇属（*Hovenia*）。

1. 形态特征

高大乔木。植株高 10 ～ 25 m。小枝褐色或黑紫色，被棕褐色短柔毛或无毛，有明显白色的皮孔。叶互生，厚纸质至纸质，宽卵形、椭圆状卵形或心形，长 8 ～ 17 cm，宽 6 ～ 12 cm，顶端长渐尖或短渐尖，基部截形或心形，稀近圆形或宽楔形，边缘常具整齐浅而钝的细锯齿，上部或近顶端的叶有不明显的齿，稀近全缘，腹面无毛，背面沿脉或脉腋常被短柔毛或无毛；叶柄长 2 ～ 5 cm，无毛。二歧式聚伞圆锥花序，顶生和腋生，被棕色短柔毛；花两性，直径 5.0 ～ 6.5 mm；萼片具网状脉或纵条纹，无毛，长 1.9 ～ 2.2 mm，宽 1.3 ～ 2.0 mm；花瓣椭圆状匙形，长 2.0 ～ 2.2 mm，宽 1.6 ～ 2.0 mm，具短爪；花盘被柔毛；花柱半裂，稀浅裂或深裂，长 1.7 ～ 2.1 mm，无毛。浆果状核果近球形，直径 5.0 ～ 6.5 mm，无毛，成熟时黄褐色或棕褐色；果序轴明显膨大。种子暗褐色或黑紫色，直径 3.2 ～ 4.5 mm。花期 5—7 月，果期 8—10 月。

2. 分布

枳椇在国外分布于印度、尼泊尔、不丹和缅甸北部，在中国分布于甘肃、陕西、河南、安徽、江苏、浙江、江西、福建、广东、广西、湖南、湖北、四川、云南、贵州。常生于海拔 2100 m 以下的开旷地、山坡林缘或疏林中。庭院宅旁也常有栽培。

3. 功能与主治

枳椇具有健胃、补血的功效，主治热病烦渴、呃逆、呕吐、小便不利等症。

4. 种植质量管理规范

（1）种植地选择

选择阳光充足，肥水良好，pH 值为 5.5 ～ 8.5，土壤类型以沙壤土、壤土为主的浅山、丘陵、平原地区种植。

（2）**整地**

整地前每亩施入充分腐熟的有机肥料 3000 ～ 5000 kg、过磷酸钙 25 ～ 50 kg，耕翻（深度 30 ～ 35 cm），耙细，整平。

（3）**栽植**

春植于春季植株萌芽前进行，3 月中旬结束；秋植于秋季植株落叶后进行。栽植前对主根、过长根及损伤根进行修剪。修剪后用生根剂浸泡根系。定植株行距一般为 0.5 m×1.0 m，种植穴规格一般为 40 cm×40 cm×40 cm。栽植深度以苗木根颈处土痕与地面相平为宜。

（4）**田间管理**

①水。栽植后浇透定根水，保持土壤湿润。春季和夏初及 7—8 月如出现旱情，及时灌透墒水 1 次，缓解旱情。

②肥。幼苗期每年施肥 3 次。第 1 次于 3 月底施入，每亩追施尿素 2 ～ 3 kg；雨后结合除草，于畦上行间开沟施入。第 2 次于 6 月下旬施入，每亩追施尿素 3 ～ 4 kg。第 3 次于 11 月初结合灌水施入，每亩施复合肥料 8 kg。后期以复合肥料为主，施肥量为 450 kg/hm^2，同时进行灌溉。

③中耕除草。结合松土进行除草，1 年需进行 3 次左右。松土的过程中需防止枳椇树根体受到影响和伤害，除草时要除掉全部杂草。

④整形修剪。落叶后至萌芽前进行整形修剪，采用主干疏层形，剪除过旺枝、病虫枝、枯枝。树高控制在 4 m 以下。全树主枝 5 ～ 6 个，分 2 ～ 3 层，第一层 3 个主枝，分枝角度为 60° ～ 70° ；第二层主枝 1 ～ 2 个，插空档分布；第三层 1 个主枝。第一、二层层间距为 80 ～ 100 cm，第二、三层层间距 50 ～ 70 cm。主枝上配侧枝 1 ～ 2 个。

（5）**病虫害防治**

常见病害主要有溃疡病、叶枯病等。溃疡病可用甲基托布津对树干涂白或喷干，也可在发病前用代森锌 100 倍液、50% 退菌特 100 倍液喷药预防，发病后可用多菌灵（1∶25）防治。叶枯病应彻底清园，加强水肥管理，剪除枯枝，在发病前和发病初用 1∶1∶400 的波尔多液防治。

虫害主要有蚜虫等。蚜虫危害嫩梢和嫩芽，可用 40% 乐果 2000 倍液喷洒进行防治。

5. 采收质量管理规范

（1）采收时间

10—11 月，果实表皮变为褐色、种子颜色为红褐色即可采收。

（2）采收方法

地面捡拾自然脱落或敲击脱落的果序，把果实剪下。

（3）保存方法

晒干果实，碾碎果壳，筛选、风选净种。种子净度达 90% 以上、干燥种子至含水率达 5% 左右即可贮藏。处理好的种子贮藏于通风、室温低于 12 ℃、空气相对湿度在 30% 以下的环境中，普通干藏。

紫苏

【拉丁学名】*Perilla frutescens*（L.）Britt.。

【科属】唇形科（Lamiaceae）紫苏属（*Perilla*）。

1. 形态特征

1 年生直立草本。茎高 0.3 ～ 2.0 m，绿色或紫色，钝四棱形，具四槽，密被长柔毛。叶阔卵形或圆形，长 7 ～ 13 cm，宽 4.5 ～ 10.0 cm，先端短尖或突尖，基部圆形或阔楔形，边缘在基部以上有粗锯齿，膜质或草质，两面绿色或紫色，或仅背面紫色，腹面被疏柔毛，背面被贴生柔毛，侧脉 7 ～ 8 对，位于下部者稍靠近，斜上升，与中脉在腹面微突起、背面明显突起，色稍淡；叶柄长 3 ～ 5 cm，背腹扁平，密被长柔毛。轮伞花序 2 花，组成长 1.5 ～ 15.0 cm、密被长柔毛、偏向一侧的顶生及腋生总状花序；苞片宽卵圆形或近圆形，长、宽均约 4 mm，先端具短尖，外被红褐色腺点，无毛，边缘膜质；花梗长 1.5 mm，密被柔毛；花萼钟形，10 脉，长约 3 mm，直伸，下部被长柔毛，夹有黄色腺点，内面喉部有疏柔毛环，结果时增大，长至1.1 cm，平伸或下垂，基部一边肿胀，萼檐二唇形，上唇宽大，3 枚齿，中齿较小，下唇比上唇稍长，2 枚齿，齿披针形；花冠白色至紫红色，长 3 ～ 4 mm，外面略被微柔毛，内面在下唇片基部略被微柔毛，冠筒短，长 2.0 ～ 2.5 mm，喉部斜钟形，冠檐近二唇形，上唇微缺，下唇 3 裂，中裂片较大，侧裂片与上唇相近似；雄蕊 4 枚，几不伸出，前对稍长，离生，插生喉部，花丝扁平，花药 2 室，室平行，其后略叉开或极叉开；花柱先端相等 2 浅裂；花盘前方呈指状膨大。小坚果近球形，灰褐色，直径约 1.5 mm，具网纹。花期 8—11 月，果期 8—12 月。

2. 分布

紫苏在中国广泛栽培。常生于海拔 1500 ～ 2500 m 山地路旁、村边荒地或栽培于舍旁。

3. 功能与主治

紫苏具有发表散寒、行气宽中、解鱼蟹毒的功效，主治风寒感冒、脾胃气滞及进食鱼蟹导致的腹痛、腹泻等症。此外，紫苏还用于宽胸利膈、顺气安胎等。

4. 种植质量管理规范

（1）种植地选择

选择地势平坦、排灌方便的微酸性土壤和沙土种植。

（2）整地

加入蘑菇土或土杂肥 15 t/hm² 进行深耕晒白，并细耙翻耕，使土壤细碎疏松、平整，而后整成畦宽 0.8 m、沟宽 0.3 m、沟深 0.2 m 的畦面。

（3）育苗

采取直播或穴播的方式。直播于 3 月下旬至 4 月上中旬，在整好的畦上按行距 50 ～ 60 cm 开 0.5 ～ 1.0 cm 的浅沟。穴播按穴距 30 cm×50 cm 开穴。播时将种子拌上细沙，均匀地撒入沟（穴）内，覆薄土，稍加填压，每亩用种子约 1 kg，播后 5 ～ 7 天即可出苗。

（4）移栽

4 月下旬亩施腐熟有机肥料 1000 kg、磷酸二铵 20 kg、尿素 5 kg，或普通过磷酸钙 40 ～ 50 kg、尿素 15 kg，用 1.2 m 宽的地膜机械（或人工）覆膜，提温保墒等待移栽。5 月中旬苗高 15 ～ 20 cm 时，选阴雨天或午后按株行距 80 cm×60 cm 移栽于大田，栽后及时浇水 1 ～ 2 次。

（5）田间管理

①定苗。露地直播的，6 月中旬苗高 10 cm 左右间苗、定苗，选留健康壮苗；水浇地的，按株行距 60 cm×60 cm 定苗；瘠薄山地的，按株行距 50 cm×50 cm 定苗，同时中耕除草 1 次，缺苗地方可移栽补苗。

②水。幼苗和花期需水较多，高温干旱天气应及时浇水，雨季应注意排水。

③肥。前期应薄肥勤施。以氮肥为主，浇施稀薄人粪尿或追施尿素 2 ～ 3 次，每次施稀薄人粪尿约 2.25 万 kg/hm² 或尿素 300 kg/hm² 于苗基部，或条施在幼苗的基部约 10 cm 处。中期茎叶大量生长时追施磷钾肥，可追施三元复合肥料 300 kg/hm² 叶面喷施 0.2% 磷酸二氢钾溶液 2 次。每采收 1 次施肥 1 次，以氮肥为主，搭配适量的磷钾肥。

④除草。幼苗高 10 ～ 20 cm 时，应进行 1 次松土除草，以后结合灌水施肥，多次进行中耕，保持土壤疏松和田间无杂草。

⑤摘叶打顶。将已长成 5 茎节的植株茎部 4 节以下的叶片和枝杈全部摘除。当第 5 茎节的叶片横径宽 10 cm 以上时开始采摘叶片，每次采摘 2 对叶片，并将上部茎

节上萌发的腋芽抹去。5月进入采叶高峰期，每隔3～4天采1次。9月初，植株开始长出花序，对采叶的保留3对叶片摘心、打杈。

（6）病虫害防治

病害主要有斑枯病和锈病。斑枯病发病初期用70%代森锌胶悬剂干粉喷粉，或用1∶1∶200倍的波尔多液喷雾防治。锈病可用50%托布津可湿性粉剂500倍液或用多菌灵800倍液进行叶面喷施。

虫害主要是夜蛾类的幼虫，一般以喷施菊酯类低毒农药或用生物杀虫剂。在采收期间极易发生并注意用药安全，间隔期后方可采收上市。

5. 采收质量管理规范

（1）采收时间

茎叶采收时间南方为7—8月，北方为8—9月。种子采收时间为9月下旬至10月中旬，果实成熟时采收。

（2）采收方法

枝叶茂盛时收割，摊在地上或悬于通风处阴干，干后将叶摘下即可。割下果穗或全株，扎成小把，晒数天后，脱下苏子晒干。

（3）保存方法

晾干保存。

6. 质量要求及分析方法

【性状】本品叶片多皱缩卷曲、破碎，完整者展平后呈卵圆形，长4～11 cm，宽2.5～9.0 cm。先端长尖或急尖，基部圆形或宽楔形，边缘具圆锯齿。两面紫色或腹面绿色，背面紫色，疏生灰白色毛，背面有多数凹点状的腺鳞。叶柄长2～7 cm，紫色或紫绿色。质脆。带嫩枝者，枝的直径2～5 mm，紫绿色，断面中部有髓。气清香，味微辛。

【鉴别】

①本品叶表面制片：表皮细胞中某些细胞内含有紫色素，滴加10%盐酸溶液，立即显红色；或滴加5%氢氧化钾溶液，即显鲜绿色，后变为黄绿色。

本品粉末棕绿色。非腺毛1～7细胞，直径16～346 µm，表面具线状纹理，有的细胞充满紫红色或粉红色物。腺毛头部多为2细胞，直径17～36 µm，柄单细胞。腺鳞常破碎，头部4～8细胞。上、下表皮细胞不规则形，垂周壁波状弯曲，气孔直轴式，下表皮气孔较多。草酸钙簇晶细小，存在于叶肉细胞中。

②取【含量测定】项下的挥发油，加正己烷制成每 1 mL 含 10 μL 的溶液，作为供试品溶液。另取紫苏醛对照品，加正己烷制成每 1 mL 含 10 μL 的溶液作为对照品溶液。照薄层色谱法（通则 0502）试验，吸取上述两种溶液各 2 μL，分别点于同一硅胶 G 薄层板上，以正己烷 – 乙酸乙酯（15∶1）为展开剂，展开，取出，晾干，喷以二硝基苯肼乙醇试液。供试品色谱中，在与对照品色谱相应的位置上，显相同颜色的斑点。

③取本品粉末 0.5 g，加甲醇 25 mL，超声处理 30 分钟，滤过，滤液浓缩至干，加甲醇 2 mL 使溶解，作为供试品溶液。另取紫苏叶对照药材 0.5 g，同法制成对照药材溶液。照薄层色谱法（通则 0502）试验，吸取上述 2 种溶液各 3 μL，分别点于同一硅胶 G 薄层板上，以乙酸乙酯 – 甲醇 – 甲酸 – 水（9∶0.5∶1∶0.5）为展开剂，展开，取出，晾干，喷以 10% 硫酸乙醇溶液，在 105 ℃加热至斑点显色清晰，置紫外光灯（365 nm）下检视。供试品色谱中，在与对照药材色谱相应的位置上，显相同颜色的荧光斑点。

【检查】紫苏叶水分不得过 12.0%（通则 0832 第四法）。

【含量测定】照挥发油测定法（通则 2204）测定，保持微沸 2.5 小时。

本品含挥发油不得少于 0.40%（mL/g）。

参考文献

［1］曹健康，方乐金. 大叶冬青资源的开发利用与发展前景［J］. 资源开发与市场，2008（2）：157-159.

［2］陈斌，杜一新，李永青，等. 豆腐柴人工栽培技术［J］. 中国农技推广，2011，27（2）：30-32.

［3］陈惠宗. 西番莲高产栽培技术［J］. 福建农业，2013（6）：35-37.

［4］陈际伸，王秋波. 香港四照花的繁育技术及园林价值［J］. 宁波职业技术学院学报，2005（2）：85-86.

［5］陈建功，郭武朝. 黄花菜高产栽培技术［J］. 西北园艺（蔬菜），2010（3）：32-34.

［6］陈有国. 浅议银杏栽培管理技术［J］. 南方农业，2020，14（5）：35，37.

［7］成岁明，卢秀才，陆明华，等. 黄花菜高产栽培技术［J］. 基层农技推广，2018，6（10）：92-94.

［8］代兴波，李琴，喻国胜. 铁皮石斛种苗繁育及栽培技术［J］. 湖北林业科技，2018，47（1）：22-24，41.

［9］戴琴，王晓霞，黄勤春，等. 毛竹林下多花黄精仿野生栽培技术［J］. 中国现代中药，2014，16（3）：205-207.

［10］刀平生. 西番莲栽培［J］. 云南农业，2019（10）：61-62.

［11］邓冰婷. 肉桂标准化种植技术分析［J］. 种子科技，2021，39（10）：46-47.

［12］邓先珍，雷永松，徐春永，等. 栀子丰产高效栽培技术［J］. 湖北林业科技，2006（3）：65-66.

［13］段小娟，侯利，张文超. 百合栽培技术［J］. 现代种业，2002（4）：47.

［14］范祖兴. 凉粉草栽培管理技术［J］. 中国农村小康科技，2005（4）：41-48.

［15］符策，韦雪英，冯兰. 赤苍藤人工栽培技术初探［J］. 农业研究与应用，2016（1）：33-34，38.

［16］甘汉英，梁绍煜，陆广潮，等. 青钱柳特性分析与栽培技术要点研究［J］. 农业与技术，2018，38（23）：67-68.

［17］高晓余，周辉，陈秀晨，等. 马齿苋的栽培及其农业应用［J］. 湖南农业科学，

2010（1）：31-34.

[18] 龚福保，梁小敏.药用植物吴茱萸生物学特性及栽培技术［J］.南方农业，2008（3）：30-32.

[19] 郭文场，周淑荣，董昕瑜.柠檬的栽培与利用［J］.特种经济动植物，2019，22（5）：44-49.

[20] 国家药典委员会.中华人民共和国药典［M］.北京：中国医药科技出版社，2020.

[21] 韩国辉，魏召新，龚亮，等.柠檬绿色栽培技术要点［J］.中国南方果树，2018，47（1）：136-139，148.

[22] 韩庆军，栗宁宁，丁平，等.国槐栽培及病害防治技术［J］.安徽农学通报，2021，27（14）：90，93.

[23] 韩文斌，谢树果，任胜茂.绿肥新品种山黧豆选育及栽培技术［J］.四川农业科技，2013（6）：25.

[24] 和志忠.浅谈何首乌栽培技术［J］.中国农业信息，2016（12）：97-98.

[25] 胡帅军，朱星语，孟祥霄，等.金线莲无公害规范化种植技术探讨［J］.世界科学技术—中医药现代化，2018，20（11）：2082-2087.

[26] 胡秀艳，朱显玲，王占新.刺五加人工栽培技术［J］.特种经济动植物，2020，23（7）：23-24.

[27] 黄崇坚.广藿香的栽培技术［J］.中国热带农业，2011（1）：63-64.

[28] 黄丽君，卢艳春，徐冬英，等.苹婆的栽培现状及发展对策［J］.中国热带农业，2014（3）：36-37.

[29] 黄忠烈.轮叶党参提质增效栽培技术［J］.吉林农业，2010（11）：122，163.

[30] 江方明.蕺菜优质高产栽培技术［J］.中国农技推广，2014，30（5）：27.

[31] 姜树忠.中药材玉竹无公害栽培技术［J］.辽宁林业科技，2019（4）：75-76.

[32] 金彦文.野苋菜的人工栽培技术［J］.河北农业科技，2002（1）：9.

[33] 赖增哲，张华通，何旭君，等.广藿香扦插苗种植管理技术［J］.农村新技术，2020（4）：8-10.

[34] 赖兆荣，邱勇娟.石崖茶种植管理技术［J］.现代农业科技，2014（18）：27-28.

[35] 赖志坚.苹婆树的利用价值、栽培技术及发展前景［J］.乡村科技，2020，11

（35）：56-57.

［36］兰海滨．紫苏的栽培技术［J］．作物杂志，2007（3）：106.

［37］蓝子康，严慧贞．凉粉草的高产栽培技术［J］．农家之友（理论版），
　　　2010（1）：5-6，23.

［38］雷虓，瞿文林，宋子波，等．"热农1号"余甘子品种特性和栽培技术要点［J］.
　　　中国南方果树，2021，50（1）：121-123，129.

［39］李戈莲，高义富，江成君，等．板蓝根的药用价值及GAP示范栽培技术［J］.
　　　陕西农业科学，2004（1）：60-61.

［40］李海燕．紫苏的栽培技术和综合利用［J］．山东农业科学，2006（6）：33-
　　　34.

［41］李锦康，董恩省．蕺菜仿野生栽培技术［J］．农技服务，2018，35（3）：
　　　74-75.

［42］李小兰．绞股蓝优质高效栽培技术［J］．农业与技术，2019，39（15）：
　　　113-114.

［43］李一平．玉竹规范化生产技术［J］．湖南农业科学，2004（3）：59-62.

［44］李玉霞，钱关泽，李凡海．台湾林檎研究进展［J］．农业科技与装备，
　　　2015（7）：27-29.

［45］李裕军，陆仁胜．黄花倒水莲原生态栽培技术［J］．农业与技术，2018，38
　　　（17）：113-114.

［46］李云龙，陆小清，王传永，等．"金边"杂种胡颓子的引种、扩繁与栽培管理
　　　技术研究［J］．中国园艺文摘，2015，31（1）：144-147.

［47］林桂玉．青钱柳育苗繁殖栽培技术［J］．绿色科技，2018（17）：40-41，
　　　43.

［48］林仁昌．永定县巴戟天高产栽培技术初探［J］．农业开发与装备，2012（6）：
　　　125-126.

［49］林云甲．鱼尾葵栽培管理特点［J］．农村实用科技信息，2004（9）：15.

［50］凌明中．青钱柳生物学特性及栽培技术［J］．安徽农学通报，2017，23（8）：
　　　106，148.

［51］刘宝同，薛鹏，潘杰，等．短梗刺五加人工栽培技术［J］．防护林科技，
　　　2018（2）：92-93.

［52］刘德胜，方建民，丁增发，等．山苍子的栽培和利用（上篇）［J］．安徽林业
　　　科技，2011，37（1）：51-54.

［53］刘德胜，方建民，丁增发，等．山苍子的栽培和利用（下篇）［J］．安徽林业科技，2011，37（2）：38-42，45.

［54］刘连军，黎萍．桄榔树的人工栽培［J］．广西热带农业，2009（3）：38.

［55］刘曲山，钟小清，闵建国，等．积雪草人工种植技术的初步研究［J］．中草药，2017，48（13）：2757-2760.

［56］刘诗华．金樱子育苗栽培技术［J］．绿色科技，2012（6）：113-114.

［57］刘跃钧，蒋燕锋，葛永金，等．林下套种多花黄精标准化高效栽培技术［J］．林业科技通讯，2015（4）：43-45.

［58］刘志民，刘志红，徐同印．猫须草的栽培技术［J］．时珍国医国药，2003（8）：497.

［59］龙晓东．钩藤生态栽培管理技术［J］．科学种养，2012（10）：19.

［60］龙巡．板蓝根的栽培管理及病虫害防治技术［J］．江西农业，2020（10）：28-29.

［61］卢哲理．试论绞股蓝生物学特性及栽培技术［J］．南方农业，2019，13（9）：22-23.

［62］陆植葆．百香果栽培种植管理及病虫防治探析［J］．农民致富之友，2019（7）：72.

［63］罗新华，陈瑞云．巴戟天栽培技术［J］．福建农业，2010（8）：20-21.

［64］孟雪．温室香椿芽优质高产栽培技术［J］．安徽农学通报，2020，26（12）：46，122.

［65］潘标志，王邦富．虎杖规范化种植操作规程［J］．江西林业科技，2008（6）：33-35，38.

［66］秦洪波，王新桂，郭伦发，等．罗汉果组培苗高产栽培技术研究［J］．福建农业学报，2019，34（2）：198-203.

［67］邵美妮，李天来，徐树军．野生佳蔬牛尾菜及其栽培技术［J］．北方园艺，2007（10）：105-106.

［68］邵泽军，姜晓萍．东北地区板蓝根高产栽培技术规程［J］．特种经济动植物，2017，20（1）：38-39.

［69］沈松，吴应华，施发兵，等．铁皮石斛人工栽培技术［J］．安徽林业科技，2021，47（3）：36-37，40.

［70］施洪．守宫木人工栽培技术［J］．中国蔬菜，2003（5）：58.

［71］斯金平，俞巧仙，宋仙水，等．铁皮石斛人工栽培模式［J］．中国中药杂志，

2013, 38（4）: 481-484.

[72] 宋殿臣. 林下玉竹栽培管理技术 [J]. 辽宁林业科技, 2021（2）: 74-75.

[73] 宋剑春. 木姜叶柯栽培技术 [J]. 农村百事通, 2019（15）: 38-39.

[74] 苏菲, 黄作喜. 金线莲繁殖及栽培技术研究进展 [J]. 安徽农学通报, 2020, 26（14）: 32-35.

[75] 谭方明, 朱梅, 吴晓松, 等. 岭南道地药材五指毛桃的质量标准研究 [J]. 医药导报, 2018, 37（S1）: 59-62.

[76] 田源红, 王建科, 张英, 等. 贵州苗药无花果的质量标准研究 [J]. 中国现代应用药学, 2011, 28（10）: 916-919.

[77] 王宝清, 王培学. 药用植物金樱子栽培技术 [J]. 中国林副特产, 2011（6）: 58-59.

[78] 王飞, 尹铁民. 益母草规范栽培技术 [J]. 河北农业, 2015（11）: 12-13.

[79] 王加乾. 无花果优质丰产栽培技术 [J]. 中国果树, 2001（2）: 54.

[80] 王江民. 肾茶栽培技术 [J]. 农村实用技术, 2005（3）: 17.

[81] 王娇, 葛茂苑, 孙丽娜. 刺五加人工栽培技术 [J]. 中国农业信息, 2016（22）: 91-92.

[82] 王年强, 唐世涛. 兴安益母草人工栽培丰产技术 [J]. 中国林副特产, 2011（4）: 61-62.

[83] 王珊, 杨立勇, 赵曲溪. 益母草新品种宣和益母草1号的选育及栽培技术 [J]. 贵州农业科学, 2019, 47（12）: 99-101.

[84] 王圣辉, 边润根, 黎明晖, 等. 吴茱萸栽培技术初探 [J]. 江西农业学报, 2007（1）: 87.

[85] 王婷, 胡亮, 李桂花. 优质粉葛栽培技术 [J]. 北方园艺, 2011（6）: 62-63.

[86] 魏延立. 吴茱萸栽培技术及病虫害的防治 [J]. 江西农业科技, 2004（7）: 28-29.

[87] 吴方星, 瞿彦长, 刘开帮, 等. 香港四照花的利用及育苗造林技术 [J]. 安徽农学通报（上半月刊）, 2009, 15（7）: 217, 223.

[88] 吴飞银. 桂花优质高效栽培技术 [J]. 现代农业科技, 2019（12）: 112-114, 122.

[89] 吴庆华, 付金娥, 万凌云, 等. 广西岩溶地区山银花石架栽培技术规程 [J]. 大众科技, 2020, 22（10）: 80-82, 108.

[90] 吴庆华，黄宝优，蓝祖栽．山银花栽培生产技术研究进展［J］．大众科技，2009（1）：141-142.

[91] 吴庆华．凉粉草栽培研究概况［J］．北方园艺，2011（24）：61-63.

[92] 肖亮．刺五加人工栽培技术［J］．种子科技，2019，37（16）：75，77.

[93] 谢晓林．柠檬栽培技术［J］．四川农业科技，2012（6）：14-16.

[94] 熊大胜，熊英，邓武军，等．三叶木通茎藤及果实采收加工技术研究［J］．中药材，2008（8）：1116-1119.

[95] 徐华聪，杜一新．山苍子资源保护及人工栽培技术［J］．世界热带农业信息，2015（2）：7-10.

[96] 徐辉，赵磊，徐军，等．枳椇栽培技术［J］．现代农业科技，2013（12）：149.

[97] 徐健，邱文武，韦持章，等．桃金娘丰产实用种植技术［J］．中国热带农业，2014（1）：60-62.

[98] 许良政，廖富林，赖万年．野生蔬菜守宫木及其栽培技术［J］．北方园艺，2006（3）：76-78.

[99] 许亚茹，李孟芝，尉广飞，等．罗汉果无公害栽培体系的探讨［J］．世界科学技术－中医药现代化，2018，20（7）：1165-1171.

[100] 闫京训．何首乌高产栽培技术［J］．农业与技术，2018，38（7）：109-110.

[101] 杨超本．鳞尾木人工育苗技术与仿生栽培试验［J］．林业调查规划，2008（4）：133-135.

[102] 杨鹤，薛玉平，黄海静，等．无花果优质丰产集约化栽培技术［J］．北方园艺，2010（1）：102-103.

[103] 杨丽娟，陈昌健，邰志娟，等．长白山牛尾菜丰产栽培技术［J］．通化师范学院学报，2018，39（4）：24-26.

[104] 杨辽生，刘乐园．保健野菜鸭儿芹大棚周年高产栽培技术［J］．北方园艺，2010（3）：59-60.

[105] 杨晓琼，袁建民，赵琼玲，等．余甘子新品种"盈玉"的品种特性及其栽培技术要点［J］．热带农业科学，2019，39（8）：11-17.

[106] 杨薪钰，代奥，王梓夷，等．野生保健蔬菜益母草的栽培技术［J］．农业与技术，2018，38（24）：137.

[107] 易思荣，黄娅，肖中，等．何首乌的高产栽培技术［J］．中国现代中药，

2008（3）：41-43.

[108] 游济顺．贵重中药材：吴茱萸栽培技术［J］．安徽农学通报，2008（4）：93-94.

[109] 余国良．台湾黄花菜无公害高产栽培技术［J］．中国蔬菜，2006（3）：44-45.

[110] 袁正仿，张苏锋，远凌威．铁皮石斛高产优质栽培技术［J］．河南农业科学，2004（2）：49.

[111] 张冬生，饶卫芳，范剑明，等．黄花倒水莲的开发利用价值与栽培管理技术［J］．农技服务，2016，33（3）：237-238.

[112] 张继永，叶利斌，朱迎东，等．优良经济植物：豆腐柴及栽培技术［J］．中国林副特产，2011（6）：74-75.

[113] 张骞，宋桂全．猫须草的栽培［J］．特种经济动植物，2006（9）：32.

[114] 张琰．胡颓子的栽培利用［J］．特种经济动植物，1999（5）：21.

[115] 张玉晶．东北地区百合的栽培技术［J］．吉林蔬菜，2017（3）：43.

[116] 赵川洁．香椿的繁育及栽培管理技术［J］．现代农业科技，2020（11）：89，91.

[117] 赵恒军．辽东山地轮叶党参栽培技术［J］．吉林林业科技，2016，45（5）：57-58.

[118] 赵秀芳，赵彦杰．优良园林绿化树种苹婆的繁育及栽培管理［J］．林业实用技术，2008（8）：51-52.

[119] 郑梅霞，陈宏，苏海兰，等．多花黄精林下仿生态栽培关键技术［J］．福建农业科技，2021，52（6）：36-39.

[120] 周惠玲，吴乔明，陈明德，等．南方新型果树三叶木通建园及其管理技术［J］．种子，2002（5）：82-83.

[121] 朱成豪，唐健民，蒋昊龙，等．广西玉良天坑特色植物茎花山柚的营养价值评价［J］．广西科学院学报，2020，36（1）：109-116.

[122] 朱桃云，王四元．金樱子的栽培技术［J］．安徽农业，2004（8）：16.

[123] 邹莉．国槐栽培技术［J］．热带农业工程，2019，43（2）：137-139.